《入门·进阶·提高》丛书编委会

主编： 韩少云

编委： 编委（排名不分先后）：

陈　锐	陈　星	崔庆江	段惠勇
方琳云	高　立	江星月	贾强生
刘浩然	刘　顺	刘　杨	孟祥霞
谭宇飞	李　丹	朱家林	华闻达
汪　鹏	赵盛燕	陶　然	朱世杰
刘静茹	张艳雪	程梦林	崔志强
王　健	耿　菲	刘　颖	张　贤
吴卫东	张　淼	刘　娜	白银玲
莫永广	赵志宇	陈克龙	邹　棚
朱春明	张　杨		

入门·进阶·提高

Illustrator CC
图形设计入门、进阶与提高

韩少云 主编

李翊 刘涛 编著

电子工业出版社
Publishing House of Electronics Industry
北京·BEIJING

内 容 简 介

本书围绕着具体的Illustrator CC平面设计范例进行讲解，步骤详细、重点明确，手把手传授实际操作。全书涵盖了Illustrator CC基础知识、多种绘图工具的使用及自定义、常用效果滤镜讲解、图像组合与图形的变换技巧、文字编辑、变形字的设计制作、混合工具使用技巧、剪切蒙版等软件操作技巧，以及Illustrator CC中的最新功能。

本书知识全面、内容浅显易懂、概念和功能介绍清晰，巧妙地通过入门、进阶和提高三个模块化内容，逐步引导读者深入学习；并通过丰富、精彩、实用的案例，向读者展示了使用Illustrator CC进行图形设计的强大功能。

本书内容实用，案例效果精美，不但适合Illustrator CC平面设计初学者学习，有一定经验的读者从中也可以学到大量高级功能。本书同样适合作为高等院校、大专院校、成人教育等相关专业的教材或参考书。

图书在版编目（CIP）数据

Illustrator CC图形设计入门、进阶与提高 / 韩少云主编；李翊，刘涛编著. —北京：电子工业出版社，2015.5

（入门·进阶·提高）

ISBN 978-7-121-25956-2

Ⅰ．①I⋯ Ⅱ．①韩⋯ ②李⋯ ③刘⋯ Ⅲ．①图形软件 Ⅳ．①TP391.41

中国版本图书馆CIP数据核字（2015）第087647号

策划编辑：牛　勇
责任编辑：徐津平
印　　刷：北京京科印刷有限公司
装　　订：北京京科印刷有限公司
出版发行：电子工业出版社
　　　　　北京市海淀区万寿路173信箱　邮编：100036
开　　本：787×1092　1/16　印张：19　字数：470千字
版　　次：2015年5月第1版
印　　次：2015年5月第1次印刷
定　　价：49.80元

凡所购买电子工业出版社图书有缺损问题，请向购买书店调换。若书店售缺，请与本社发行部联系，联系及邮购电话：（010）88254888。

质量投诉请发邮件至zlts@phei.com.cn，盗版侵权举报请发邮件至dbqq@phei.com.cn。

服务热线：（010）88258888。

前　言

每位读者都希望找到适合自己阅读的图书，通过学习掌握软件功能，提高实战应用水平。本着一切从读者需要出发的理念，我们精心编写了《入门·进阶·提高》丛书，通过"学习基础知识"、"精讲典型实例"和"自己动手练"这三个过程，让读者循序渐进地掌握各软件的功能和使用技巧。

本套丛书的结构特点

《入门·进阶·提高》系列丛书立意新颖、构意独特，通过通俗易懂的语言和丰富实用的案例，向读者介绍各种软件的使用方法与技巧。本系列丛书在编写时，绝大部分章节按照"入门"、"进阶"、"提高"和"答疑与技巧"的结构来组织、安排学习内容。

入门——基本概念与基本操作

快速了解软件的基础知识。这部分内容对软件的基本知识、概念、工具或行业知识进行了介绍与讲解，使读者可以很快地熟悉并能掌握软件的基本操作。

进阶——典型实例

通过学习实例达到深入了解各软件功能的目的。本部分精心安排了一个或几个典型实例，详细剖析实例的制作方法，带领读者一步一步进行操作，通过学习实例引导读者在短时间内提高对软件的驾驭能力。

提高——自己动手练

通过自己动手的方式达到提高的目的。精心安排的动手实例，给出了实例效果与制作步骤提示，让读者自己动手练习，以进一步提高软件的应用水平，巩固所学知识。

答疑与技巧

选择了读者经常遇到的各种疑问进行讲解，不仅能够帮助解决学习过程中的疑难问题，及时巩固所学的知识，还可以使读者掌握相关的操作技巧。

本套丛书的内容特点

作为一套定位于"入门"、"进阶"和"提高"的丛书，它的最大特点就是结构合理、实例丰富，有助于读者快速入门，提高在实际工作中的应用能力。

结构合理、步骤详尽

本套丛书采用入门、进阶、提高的结构模式，由浅入深地介绍了软件的基本概念与基本操作，详细剖析了实例的制作方法和设计思路，帮助读者快速提高对软件的操作能力。

快速入门、重在提高

每章先对软件的基本概念和基本操作进行讲解，并渗透相关的设计理念，使读者可以快速入门。接下来安排的典型实例，可以在巩固所学知识的同时，提高读者的软件操作能力。

图解为主、效果精美

该图书的关键步骤均给出了清晰的图片，对于很多效果图还给出了相关的说明文字，细微之处彰显精彩。每一个实例都包含了作者多年的实践经验，只要动手进行练习，很快就能掌握相关软件的操作方法和技巧。

举一反三、轻松掌握

本书中的实例都是在大量工作实践中挑选的，均具有一定的代表性，读者在按照实例进行操作时，不仅能轻松掌握操作方法，还可以做到举一反三，在实际工作和生活中实现应用。

本书的主要内容

第1章：Illustrator CC基础知识，包括Illustrator CC的工作环境、Illustrator CC的基本操作和设置、位图和矢量图以及色彩模式。

第2章：基本绘图工具。

第3章：路径的绘制与编辑。

第4章：图形着色。

第5章：路径查找器。

第6章：文字的创建，以及一些特效文字的绘制等。

第7章：图层、动作和蒙版的使用。

第8章：效果菜单的应用。

第9章：企业VI设计，同时对VI的要素和作用进行了详细的介绍。

第10章：招贴设计，同时对招贴的分类、基本特点及设计法则进行了详细的介绍。

第11章：包装设计，同时对包装设计的基本概念、功能及分类进行了详细介绍。

第12章：Illustrator CC一些经典案例的详细操作，包括景物类、卡通风格类、卡通人物类及写实类插画的绘制。

本书作者

感谢电子工业出版社的策划编辑牛勇以及其他参与本书出版过程的工作人员！因为你们的热心帮助，使得这本书从写成到出版一气呵成！

感谢经典论坛（http://bbs.blueidea.com/）和站酷网（http://www.zcool.com.cn/）的各位网友，如果没有你们的热情参与，就没有这本书的面世！

感谢达内IT培训集团CEO韩少云及集团教研部副总裁李翊的关心与支持！

本书由韩少云主编，李翊、刘涛编著，参加图书编写工作的还有：钟镭、孙丽娜、张崴娜、杨月娥、姜建栋、李文惠、柯昌淼、孙超、周幸福、柳东、潘有全、宋美丽、王斐等。由于作者水平有限，书中疏漏和不足之处在所难免，恳请广大读者及专家不吝赐教。

作者联系方式：

E-mail：frog1t@163.com

网站：www.go2here.net.cn

作者微信号：frog-1t

图书配套资源文件及赠送教学视频文件下载地址：www.broadview.com.cn/25956。

目　　录

Chapter 1

第1章
Illustrator CC 基础知识

本章要点

Illustrator CC的工作环境

- Illustrator CC的启动
- Illustrator CC的工作区基础
- 退出Illustrator CC
- Illustrator CC帮助的使用
- Illustrator CC的新增内容

Illustrator CC的基本操作和设置

- 文档的基本操作

- 工作界面的基本操作
- Illustrator CC的基本设置
- 设置Illustrator CC的首选参数和快捷键

Illustrator CC的相关知识

- 认识位图和矢量图
- 色彩模式

本章导读

  对于Illustrator CC的初学者来说，应该首先掌握软件的基本操作和设置，掌握和Illustrator CC相关的专业知识，这样会使以后的学习更加方便、快捷。

  本章主要介绍Illustrator CC的工作环境、Illustrator CC的一些基本操作和设置、首选项和快捷键的设置，以及Illustrator CC的相关专业知识。通过本章的学习，用户学习Illustrator CC的准备工作就做好了。

1.1 Illustrator CC的工作环境

本章主要讲解Illustrator CC的基本操作知识，内容主要涉及工作界面的认识（标题栏、菜单栏、工具箱、图像窗口、浮动调板、状态栏）、文件的基本操作（新建、打开、保存、关闭、置入、导入等）、标尺与参考线、网格的使用方法和技巧、图像的显示比例、图像模式以及Illustrator CC的新增功能等。希望读者学完本章后能对Illustrator CC有一个较为全面的认识。

1.1.1　Illustrator CC的启动

启动和退出Illustrator CC是每次使用Illustrator CC软件必须要进行的操作，因此掌握Illustrator CC的启动和退出方法非常重要。

安装Illustrator CC后就可以使用它了。使用Illustrator CC前首先要启动它，启动Illustrator CC的方法有以下3种。

🔍 双击桌面上Illustrator CC的快捷方式图标，打开Illustrator CC的开始页，如图1-1所示。

🔍 执行【开始】→【所有程序】→【Adobe Design Premium CC】→【Adobe Illustrator CC】命令，如图1-2所示。

图1-1　Illustrator CC桌面快捷图标

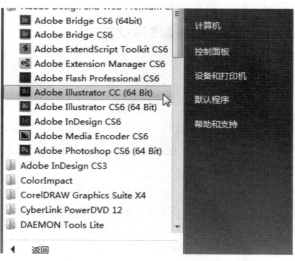

图1-2　启动菜单

🔍 通过打开一个Illustrator CC图稿文档，启动Illustrator CC。

1.1.2　Illustrator CC的工作区基础

在使用Illustrator CC之前，先来熟悉一下它的工作环境。

1. 关于工作区域

启动Illustrator CC后，就要熟悉一下其工作界面，为以后的学习打下坚实的基础。

首先启动Illustrator CC，打开Illustrator CC的工作界面，如图1-3所示。

图1-3　Illustrator CC中文版界面

　　默认情况下，Illustrator CC工作区包含插图窗口（用户可以在此窗口中绘制和设计自己的图标）、工具箱（包含用于绘制和编辑图稿的工具）、调板（可帮助用户监控和修改图稿）和菜单（包含用于执行任务的命令）。

　　通过以下操作可以对工作区域进行重新排列：移动、隐藏和显示调板，放大或缩小图稿，滚动到插图窗口的不同区域，以及创建多个窗口和视图，从而以最佳方式满足自己的需求。用户还可以用工具箱底部的【模式】按钮来更改插图窗口和菜单栏的可视性，如图1-4所示。

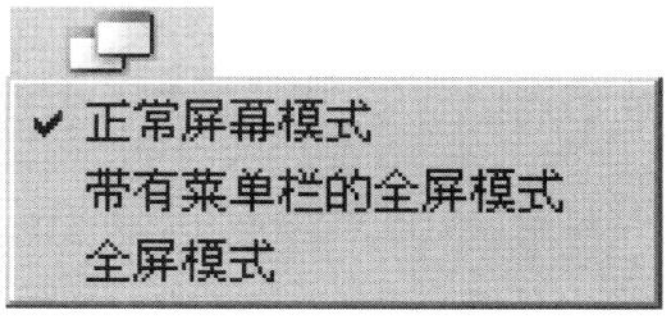

图1-4　模式

　　【正常屏幕模式】在窗口中显示图稿，菜单栏位于窗口顶部，滚动条位于侧面，如图1-5所示。

图1-5　正常屏幕模式

[icon] 【带有菜单栏的全屏模式】在全屏窗口中显示图稿，有菜单栏，但是没有标题栏或滚动条，如图1-6所示。

图1-6　带有菜单栏的全屏模式

[icon] 【全屏模式】在全屏窗口中显示图稿，不带标题栏、菜单栏或滚动条，如图1-7所示。

图1-7　全屏模式

2. 关于标题栏

标题栏位于整个窗口的顶端，显示了当前应用程序的图标、名称，以及用于控制文件窗口显示的最小化按钮、最大化按钮（还原窗口按钮）、关闭窗口按钮等几个快捷按钮。

3. 关于菜单栏

菜单栏由"文件"、"编辑"、"对象"、"文字"、"选择"、"效果"、"视图"、"窗口"、"帮助"9个菜单组成，包含了操作时要使用的所有命令。要使用菜单中的命令，只需将鼠标指向菜单中的某项并单击鼠标左键，此时将显示相应的下拉菜单。在下拉菜单中选择所需要的菜单命令，单击即可执行该命令。

4. 使用状态栏

状态栏（在插图窗口的左下边缘处）显示当前缩放级别和关于下列主题之一的信息：当前使用的工具、日期和时间、可用的还原和重做次数、文档颜色配置文件或被管理文件的状态。

鼠标左键单击【状态栏】执行下列操作。

选择【显示】子菜单中的选项，可更改状态栏中所显示信息的类型，如图1-8所示。

图1-8　状态栏显示信息的类型

选取【在Bridge中显示】，可在Adobe Bridge中显示当前文件。

5. 关于工具箱

第一次启动应用程序时，工具箱会出现在屏幕左侧。用户可以通过拖移其主题栏来移动工具箱，还可以通过选取【窗口】→【工具】菜单命令来显示或隐藏工具箱。

6. 使用工具

用户可以使用工具箱中的工具，在Illustrator CC中创建、选择和处理对象，也可以通过单击它或者按工具的键盘快捷键来选择工具。有的工具按钮右下侧有个小三角，说明它是一个隐藏工具组，该工具组中还有其他工具未显示，指向该工具按钮并按住鼠标左键不放，即可弹出其他隐藏的工具，选择其中的工具，单击鼠标左键即可选择该工具，如图1-9所示。

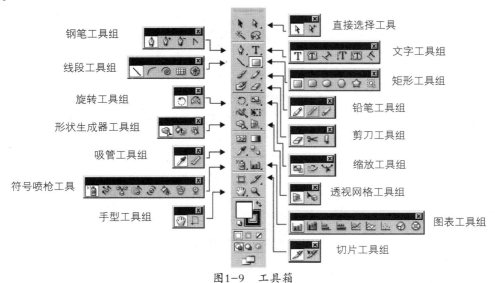

图1-9　工具箱

> **提示** 要查看隐藏工具，请在可视工具按钮上按下鼠标左键。要隐藏工具，请继续按住鼠标左键，将指针移动到要选择的工具上，然后释放鼠标左键。要将隐藏工具拖到单独的调板中，可将工具按钮拖到工具箱末尾的箭头上并释放鼠标左键。单击调板标题栏上的关闭按钮，可使工具按钮返回工具箱。

7. 使用调板

调板可帮助用户监视和修改相关工作。可以使用下列方式来自定义默认调板排列。

要显示或隐藏调板，从【窗口】菜单中选择调板名称。调板名称旁边的复选标记表示当前是打开的。

要隐藏或显示所有调板（包括工具箱和【控制】调板），请按Tab键。要隐藏或显示所有调板（不包括工具箱和【控制】调板），请按【Shift+Tab】组合键。

要显示调板菜单，将指针放在调板右上角的三角形上，并单击鼠标左键。

1.1.3 退出Illustrator CC

当不使用Illustrator CC或完成Illustrator CC的编辑任务后，需要退出该程序，退出Illustrator CC的方法有如下5种。

在菜单栏中选择【文件】中的【退出】选项。

单击Illustrator CC窗口右上角的【关闭】按钮。

双击Illustrator CC窗口左上角的带有"Ai"标志的【控制菜单】按钮。

按【Alt+F4】组合键。

单击Illustrator CC窗口左上角的带有"Ai"标志的【控制菜单】按钮，在弹出的菜单中选择【关闭】命令。

1.1.4 Illustrator CC帮助的使用

使用帮助菜单可以帮助用户更好地使用Illustrator CC，当遇到不清楚的问题时，用户可以充分利用帮助菜单来了解相关知识。

单击菜单栏中的【帮助】菜单项，可以打开【帮助】菜单，如图1-10所示。在图中用户可以发现，【帮助】菜单中包含一些具体的帮助主题，选择相应的命令，可以快速进入该主题的帮助窗口。

图1-10 【帮助】菜单

2 执行【帮助】→【Illustrator帮助】命令（或按【F1】键），可以打开Illustrator CC的在线帮助文档，如图1-11所示。

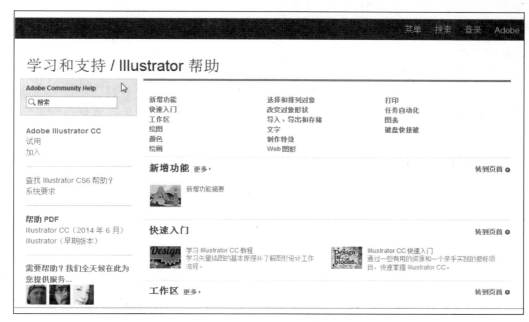

图1-11　Illustrator CC的在线帮助文档

3 另外，使用搜索功能查找需要的帮助主题也可以获取帮助信息。在帮助窗口左上角的【搜索】文本框中输入需要的关键词，然后按【Enter】键即可搜索到所有相关的信息。例如，在【搜索】文本框中输入"绘图"，按【Enter】键后搜索到的所有信息，如图1-12所示。

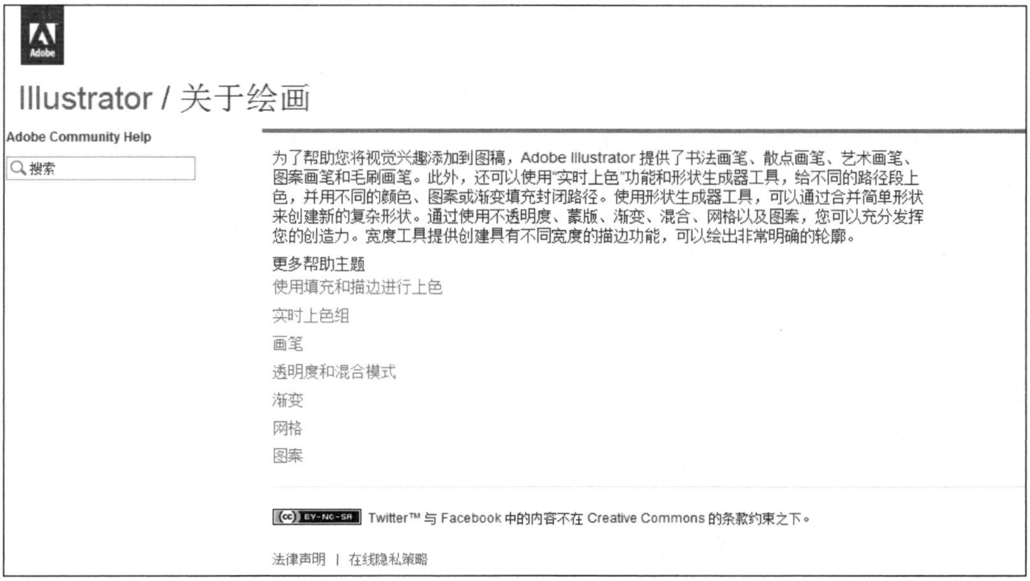

图1-12　Illustrator CC的在线帮助文档

1.1.5　Illustrator CC的新增内容

相对于以前的版本，Illustrator CC增添了多个激动人心的全新功能，这些新功能主要包括以下几点。

1. 透视图功能

新的透视网格工具可使用户启用网格功能，支持在真实的透视图平面上直接绘图。在精确的1点、2点或3点透视中使用透视网格绘制形状和场景。新的透视选区工具可以动态地移动、缩放、复制和变换对象。还可以使用透视选区工具沿对象当前位置垂直移动对象，如图1-13所示。

2. 优美的描边

完全控制宽度可变、沿路径缩放的描边、箭头、虚线和艺术画笔，如图1-14所示。

图1-13　透视图功能　　　　　　　　　　图1-14　优美的描边

3. 毛刷画笔

使用毛刷画笔可以像真实画笔描边一样通过矢量进行绘画。用户可以像使用天然媒介（如水彩和油画颜料）那样，利用矢量的可扩展性和可编辑性来绘制和渲染图稿。毛刷画笔还提供突破性的绘画控制功能。用户可以设置毛刷的特征，如大小、长度、厚度和硬度，还可以设置毛刷密度、画笔形状和色彩不透明度。

4. 用于 Web 和移动设备的清晰图形

针对像素对齐图稿在像素网格上创建精确的矢量对象。在为Adobe Flash Catalyst、Adobe Flash Professional和Adobe Dreamweaver 设计图稿时，保证栅格图像的清晰度非常重要，特别是72-ppi分辨率的标准Web图形。像素对齐方式对于视频分辨率栅格化控制也非常有用。在Illustrator CC中，新的Web图形工具包括文字增强功能。用户可以为每个Illustrator文本框选择4个反锯齿选项之一。

5. 多个画板增强功能

如图1-15所示，多个画板功能在Illustrator CC中得以大大增强。一些新功能（包括新【画板】面板）使用户可以添加画板、在【画板】面板中重新排序画板、重新排列画板及创建复制的画板。

使用【控制】面板和【画板】面板为用户的画板指定自定义名称。可以分别使用【就地粘贴】和【在所有画板上粘贴】选项将对象粘贴到画板上的特定位置及将图稿粘贴到所有画板上的相同位置，还可以设置选项，自动旋转要打印的画板。

图1-15　多个画板增强功能

6. 形状生成器工具

形状生成器工具是一个用于通过合并或擦除简单形状、创建复杂形状的交互式工具。它可用于简单和复合路径，并会自动亮显所选作品中可合并成新图形的边缘和区域。例如，用户可以沿圆形中间画一条线快速创建两个半圆，而无须打开任何面板或选择其他工具。形状生成器工具还可分离重叠的形状以创建不同对象，并可以在对象合并时轻松采用图稿样式。用户还可以启用"颜色色板"指针为图稿选择颜色。

7. 绘图增强

使用日常工具提高工作速度。使用一个按键连接路径，在后侧绘图，在内侧绘图。

8. 使用 Adobe Flash Catalyst CC进行往返编辑

使用Illustrator CC进行互动设计，现在新版Adobe Flash Catalyst CC和所有Adobe CC产品中都提供此功能。使用Illustrator CC进行开发和界面设计，创建屏幕布局和单个元素（如徽标和按钮图形），然后在Flash Catalyst中打开图稿，无须编写代码即可添加动作和互动组件。在设计中添加互动组件之后，可以直接在Illustrator CC中进行编辑和设计更改。例如，可在保持Flash Catalyst中添加的结构不变的情况下，使用Illustrator CC编辑互动按钮状态的外观。

9. 分辨率独立效果

使用分辨率独立效果，栅格效果（如模糊和纹理）可在媒体中保持外观一致。

用户可以为不同的输出类型创建图稿，而同时保持理想的栅格效果外观。从打印到Web，再到视频，不考虑分辨率设置有何更改。还可以增加分辨率而同时保持栅格效果不变。对于低分辨率的图稿，用户可以放大分辨率以实现高品质打印。

1.2 Illustrator CC的基本操作和设置

对于Illustrator的初学者而言，应该先掌握最基本的操作和设置，熟练掌握一些设置方法，会使以后的学习更加方便、快捷。

1.2.1 文档的基本操作

Illustrator CC的主要功能就是绘制图稿，所以掌握图稿文档的基本操作非常重要。图稿文档的基本操作包括新建、保存、打开和关闭等，下面首先学习这方面的知识。

1. 新建Illustrator CC文档

选择菜单栏中的【文件】→【新建】命令（或按【Ctrl+N】组合键），在弹出如图1-16所示的【新建文档】对话框中，设置好文件的名称、画板数量、大小等参数后，单击【确定】按钮，新建Illustrator CC文档。

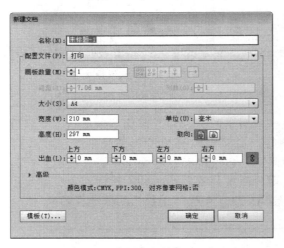

图1-16 【新建文档】对话框

2. 打开Illustrator CC文档

在制作图稿作品时，打开Illustrator CC文档是最基本的操作之一。打开Illustrator CC文档有多种方法，下面分别进行介绍。

通过【打开】命令，可以打开Illustrator CC的文档。

1 执行【文件】→【打开】命令（或按【Ctrl+O】组合键），打开【打开】对话框，如图1-17所示。

2 在【查找范围】下拉列表框中指定要打开的文件的存储路径，在对话框中选择所需文件并单击【打开】按钮，或者双击目标Illustrator文档即可将其打开。

提示 按住【Ctrl】键不放，单击多个需要打开的Illustrator文档，可以同时选择多个Illustrator文档；再次单击选择的Illustrator文档，可以取消选中该Illustrator文档。

图1-17　【打开】对话框

　　在使用Illustrator绘图的时候，通常想要查看最近浏览过的项目，可又不想到文件夹中一个个地寻找，可以打开最近浏览过的绘图文档。

要使用最近打开过的Illustrator文件时，只需执行【文件】→【最近打开的文件】命令，在弹出的子菜单中选择需要打开的文件名即可，如图1-18所示。

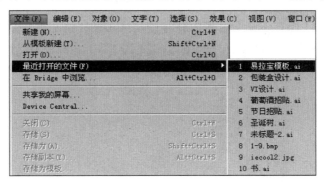

图1-18　打开最近的项目

如果已经打开了Illustrator文档所在的文件夹，则选择需要打开的Illustrator文档，并将其直接拖动到Illustrator窗口，即可打开该文档。

在绘制图稿的过程中，如果想使用某个Illustrator文档而又不想在原文档上进行修改时，可以复制此窗口，然后在新的窗口中进行编辑修改。

执行【窗口】→【新建窗口】命令，如图1-19　图1-19　执行【窗口】→【新建窗口】命令
所示。即可在新的窗口中打开要使用的文档，
如图1-20所示。

图1-20　在新的窗口中打开要使用的文档

3. 保存Illustrator CC文档

　　当作品创作完成后，或需要退出Illustrator程序时，应当将作品保存到硬盘上，以便以后使用。

　　通过菜单栏中的【保存】命令，可以保存使用Illustrator CC绘制的文档。

1　执行【文件】→【保存】命令，打开【另存为】对话框，如图1-21所示。

图1-21　【另存为】对话框

2　在默认状态下，文件采用AI格式保存。单击对话框中【保存在】下拉列表框右侧的下拉按钮，在打开的列表框中选择文档的保存路径；在【文件名】下拉列表框中输入文件的名称；如果需要保存成其他类型的文件，可以在【保存类型】下拉列表框中选择需要存储的类型。

3 单击【保存】按钮即可将文档保存至指定位置。

4 如果要保存的文档在设计之前已经保存过，且不需要改变文件保存的名称、路径和格式等，则执行该命令时，不会弹出对话框而是直接保存。

　　通过菜单栏中的【另存为】命令，保存Illustrator CC文档。

🔍 如果需要将当前Illustrator文档存储为其他格式，或需要修改文档存储的路径和文件名等，可以通过执行【文件】→【另存为】命令（或按【Shift+Ctrl+S】组合键），在打开的【另存为】对话框中进行设置，最后单击【保存】按钮即可。

4. 关闭Illustrator CC文档

　　编辑并保存Illustrator文档后，需要将其关闭，关闭Illustrator文档的方法有如下几种。

🔍 直接单击Illustrator文档名称右侧的关闭按钮，此操作只是关闭Illustrator文档，而并不退出Illustrator CC界面。

🔍 选择【文件】菜单中的【关闭】选项。

🔍 按【Ctrl+W】组合键。

1.2.2　工作界面的基本操作

　　在认识Illustrator CC工作界面时，我们简单学习了工作界面的组成以及各部分的作用。在这一节中将详细介绍Illustrator CC工作界面的布局模式及画布的显示状态。

　　当新建一个Illustrator CC文档时，系统会以默认的显示比例显示画布，并显示默认的工作界面布局，用户可以根据实际情况对画布的显示比例进行修改，还可以根据需要更改界面的布局。

1. 工作界面的布局

　　在Illustrator中，工作界面有几种显示模式，用户可以根据需要选择不同的模式编辑和制作图稿。执行【窗口】→【工作区】命令，打开【工作区】子菜单，如图1-22所示。

　　从图1-22中可以看出，在其子菜单中包含了除默认布局外的8种布局，用户根据需要选择不同的显示模式即可。

1.2.3　Illustrator CC的基本设置

　　为了更好地使用Illustrator CC软件，还需要学习一些有关Illustrator基本设置的方法，掌握了这些知识，用户会在以后的学习和使用过程中更加得心应手。

图1-22　【工作区】子菜单

　　Illustrator CC的基本设置主要包括对图像的显示比例、标尺、网格以及参考线等绘图环境的设置。

1. 显示比例

　　选择【工具】栏中的【缩放】工具，指针会变为一个中心带有加号的放大镜。单击要放大区域的中心，或者按【Alt】并键单击要缩小区域的中心。每单击一次，视图便放大到上一个预设百分比，如图1-23所示。或者缩小到上一个预设百分比，如图1-24所示。

图1-23 使用【缩放】工具单击放大对象

图1-24 按【Alt】键单击缩小对象

选择菜单【视图】→【放大】命令（快捷键【Ctrl++】），每执行一次【放大】命令，页面内的图像就会按照一定的比例放大。

选择菜单【视图】→【缩小】命令（快捷键【Ctrl+-】），每执行一次【缩小】命令，页面内的图像就会按照一定的比例缩小。

选择菜单【视图】→【画板适合窗口大小】命令（快捷键【Ctrl+0】），此时图像会最大限度地显示在工作界面中并保持其完整性，如图1-25所示。

图1-25 画板适合窗口大小效果

选择菜单【视图】→【实际大小】命令（快捷键【Ctrl+1】），可以将图像按100%的比例显示效果，如图1-26所示。

如果想要针对图稿的局部进行放大，先选择【缩放】工具，然后把【缩放】工具定位到要放大的区域上，按住鼠标左键并拖曳，使鼠标画出的矩形框框选住所需要放大的区域，然后松开鼠标左键，此时被框选的图像区域就会放大显示并填满整个窗口。

使用【导航器】调板也可以控制图像的显示比例。拖拉三角形滑块（缩放滑块按钮）可以自由地将图像放大或缩小。在左下角数值框中输入数值后，按【Enter】键也可以将图像放大或缩小，如图1-27所示。

图1-26 【实际大小】显示图像

图1-27 【导航器】调板

2. 设置标尺、参考线和网格

标尺可以有效帮助设计者测量、组织和计划作品的布局。一般情况下，标尺都以毫米为单位，如果需要更改，可以选择【编辑】→【首选项】→【单位】命令，在弹出的对话框中进行设置。要显示和隐藏标尺可以选择【视图】菜单中的【标尺】选项（或按【Ctrl+R】组合键），垂直和水平标尺出现在文档窗口的边缘，如图1-28所示。

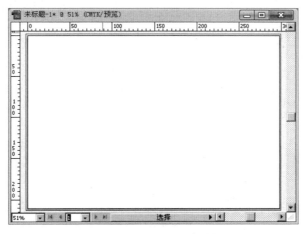

图1-28 Illustrator CC中的标尺

15

　　参考线是用户从标尺拖到画布上的直线。参考线的功能是帮助放置和对齐对象，它是标记画布的重要部分。辅助线的设置步骤如下。

1 选择【视图】菜单中的【标尺】选项，显示标尺。

2 用鼠标在上面或左面的标尺上单击并拖动。

3 在画布上定位参考线，然后释放鼠标键，效果如图1-29所示。

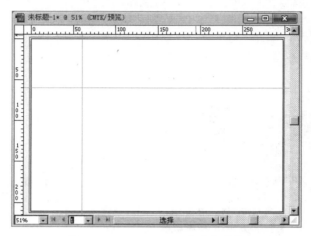

图1-29　Illustrator CC中的参考线

4 对于不需要的参考线，可以将其拖曳到工作区外，或者在【视图】菜单的【参考线】子菜单中选择【隐藏参考线】选项（或按【Ctrl+；】组合键）来实现参考线的显示或隐藏。

5 执行【视图】→【参考线】→【锁定参考线】命令时，可以将参考线锁定，防止在编辑制作图稿过程中被意外移动。

6 执行【视图】→【参考线】→【清除参考线】命令时，可以将参考线全部删除。

　　除了标尺和参考线外，可以在场景中显示的网格也是重要的绘图参照工具之一。Illustrator网格在画布上显示一个由横线和竖线均匀架构的体系，如图1-30所示。

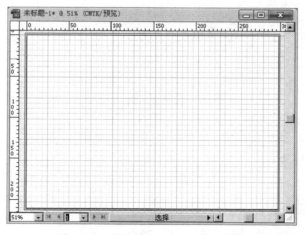

图1-30　显示Illustrator CC中的网格

可以通过打开【视图】菜单的【显示网格】命令（或按【Ctrl+"】组合键）来显示

网格。再次选择【视图】菜单的【隐藏网格】命令（或按【Ctrl+"】组合键）可以隐藏网格。要将对象对齐到网格线，可以选择【视图】菜单的【对齐网格】命令，选择要移动的对象，并将其拖到所需的位置。

1.2.4　设置Illustrator CC的首选参数和快捷键

在Illustrator CC中，用户可以根据自己的操作需求，设置首选项和快捷键，从而使软件更符合自己的使用习惯。

1. 个性化的Illustrator CC界面

Illustrator CC允许用户依照自己个人的风格和工作习惯进行参数设置，每当用户改动Illustrator CC的工作环境后，在下一次运行时，它会记住这些改变。

选择菜单【编辑】→【首选项】→【常规】命令（或按【Ctrl+L】组合键），如图1-31所示。在弹出如图1-32所示的【首选项】对话框中，对首选项进行相应的设置。

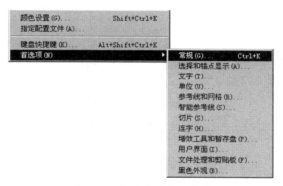

图1-31　【首选项】子菜单

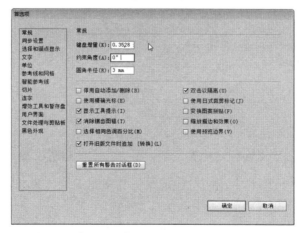

图1-32　【首选项】对话框中的【常规】选项卡

下面分别介绍常用的参数设置，相信用户在学会这些设置后，可以使自己的创作更加游刃有余。

【键盘增量】选项：用于设定键盘上的光标移动键，沿箭头方向移动物体的距离。

【约束角度】选项：当输入一定的角度值时，画出的任何图形对象都将按一定的角度倾斜。

 【**圆角半径**】**选项**：用来设置圆角矩形工具的圆角半径，默认的圆角半径为12pt。半径越大，则圆角矩形的角越圆。

【**停用自动添加/删除**】**选项**：用来设置使用钢笔工具时，节点的自动添加或删除。

【**使用精确光标**】**选项**：不选此项，页面中的图标和工具箱中的图标相同；选中此项，出现在页面上的是交叉线，通过按【Caps Lock】键，也能达到选中此项的目的。

【**显示工具提示**】**选项**：选择此项，鼠标指向任何一个工具时，都会出现关于该工具的简短说明和快捷键。

【**消除锯齿图稿**】**选项**：用于清除图稿中的锯齿。

【**使用日式裁剪标记**】**选项**：设置日式裁剪标记。

【**变换图案拼贴**】**选项**：选择此项后，填有图案的图形在执行缩放、旋转等操作时，图案也会随图形一起变化。

【**缩放描边和效果**】**选项**：选择此项后，缩放图形时，边线宽度也随着图形的缩放而缩放。

2. 自定义快捷键

在Illustrator CC中也可以自定义快捷键，其操作步骤如下。

1 单击【编辑】菜单中【键盘快捷键】命令（或按【Alt+Shift+Ctrl+K】组合键），弹出如图1-33所示的【键盘快捷键】对话框。

图1-33　【键盘快捷键】对话框

2 在对话框中选中要自定义快捷键的菜单项，输入相应的键值，单击【确定】按钮即可。

我们可以单击【导出文本】按钮，将设置后的快捷键导出为文本的格式，以便以后使用更加方便，具体的操作方法如下。

1 单击【导出文本】按钮，打开【将键集文件存储为】对话框，如图1-34所示。

2 选择文本文件的保存位置及文件名，单击【保存】按钮即可。

3 在记事本程序中打开该文本文件，可显示相应的快捷键，如图1-35所示。

提示　可以通过单击【键盘快捷键】对话框下方的【清除】按钮来删除快捷键。

图1-34　【将键集文件存储为】对话框　　　　图1-35　查看设置的快捷键

1.3 Illustrator CC相关专业知识

在使用Illustrator绘制图形的时候，了解相关的专业知识是必不可少的。下面就来了解一下Illustrator的相关专业知识。

1.3.1　认识位图和矢量图

矢量图和位图是电脑存储图像文件的两大方式，下面就来了解一下位图和矢量图。

1. 什么是位图

位图（Bitmap），也称做像素图、点阵图、栅格图像，就是最小单位由像素构成的图。位图通过像素阵列的排列来实现其显示效果，每个像素有自己的颜色信息，在对位图图像进行编辑操作的时候，操作的对象就是每个像素，可以改变图像的色相、饱和度、明度，从而改变图像的显示效果。点阵图像的效果与分辨率的像素或墨点的数量有关，因此，使用太低的分辨率会导致图像粗糙，并且放大图像的时候就会出现失真的情况。如图1-36所示，是一幅位图图像。

图1-36　位图图像

2. 什么是矢量图

矢量图（Vector），也称作向量图。矢量图是通过多个对象的组合生成的，使用直线和曲线来绘制图形，这些图形的元素是一些点、线、圆、矩形和多边形等，它们都是以数学公式计算获得的。矢量图实际上并不是像位图那样记录画面上每一点的信息，而是记录了元素形状及颜色的算法，当打开一个矢量图的时候，软件就会对图形进行运算，将运算结果显示出来。所以无论显示画面是大还是小，即使对画面进行相当大倍数的缩放，它的显示效果仍然不失真。如图1-37所示，是一幅矢量图形。

图1-37　矢量图图形

3. 矢量图与位图的特点

🔍 位图的优势是色彩上变化丰富，对图形的编辑上，可以改变任何形状区域的色彩显示效果，实现的效果越复杂，需要的像素数越多，图像文件的大小和需要的存储空间就越大。

🔍 矢量图的优势是对绘制图形的形状更容易修改和控制，但是对于单独的对象，对色彩上的变化不如位图方便直接。而且支持矢量格式的应用程序也很少，没有支持位图的那么多。很多图形需要专门的程序来浏览或打开。

4. 矢量图与位图的区别

矢量图与位图的区别在于，矢量图在通过不断放大以后，仍然不会失真，矢量图的大小与分辨率无关，而是取决于图形的复杂程度，如图1-38所示。位图在不断放大以后图像失真，位图的大小取决于图像的宽度、高度、分辨率和色彩模式，如图1-39所示。

图1-38　矢量图

图1-39　位图

1.3.2　色彩模式

Illustrator CC中包含了多种色彩模式，每种模式的图像描述和重现色彩的原理，以及所能显示的颜色数量和范围各不相同。

1. 什么是RGB和CMYK

RGB：称为色光三原色，分别为红（R）、绿（G）、蓝（B）。加色法原理是由这三种颜色为基色进行叠加而模拟出大自然色彩的色彩组合模式。日常用的彩色电脑显示器、彩色电视机等的色彩，都是使用这种模式。

CMYK：色料三原色分别为青（C）、洋红（M）、黄（Y），K代表黑，使用减色法原理，是印刷上使用比较普遍的色彩模式。

如图1-40所示，是两种色彩模式。

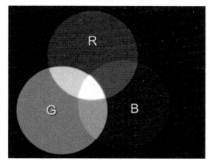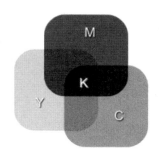

图1-40　RGB和CMYK

2. RGB和CMYK的区别

RGB和CMYK是两种不同的色彩模型。在数字图像处理中，实际最通用的面向硬件的模型是RGB模型。该模型用于色彩监视器和一大类彩色视频摄像机。CMYK模型是针对彩色打印机的。等量的颜色原料（青、深红、黄）可以产生黑色。实际上组合这些颜色，产生的黑色是不纯的。因此为了产生真正的黑色（在打印中起主要作用的颜色）加入了第4种颜色——黑色，从而形成了CMYK彩色模型。RGB是通过自身发光来呈现色彩，而CMYK模式则是通过墨点发射来呈现色彩。

结束语

　　本章主要介绍了Illustrator CC的工作环境、Illustrator CC的一些基本操作、个性化设置和画布的显示状态以及Illustrator相关的专业知识。通过本章的学习，可使读者了解到Illustrator CC的迷人魅力，掌握Illustrator CC的基本操作，熟悉个性化的界面及快捷键的设置方法，掌握矢量图和位图知识、RGB和CMYK两种色彩模式等，为以后更加方便、快捷地应用Illustrator CC打下坚实的基础。

Chapter 2

第2章
基本绘图工具

本章要点

入门——基本概念与基础操作

 【矩形】工具的使用

【椭圆】工具的使用

【多边形】工具的使用

【星形】工具的使用

进阶——导航条上指示的绘制

提高——自己动手练

卡通风格背景绘制

个性卡片图案绘制

本章导读

　　基本绘图工具是Illustrator CC绘图的基础，任何复杂的图形都是由一些简单的基本构图元素组成。

　　本章主要介绍基本绘图工具（如矩形、椭圆形、圆角矩形等）的使用方法和技巧。这些基本对象都遵循一个共同的规律，即选择工具→单击起点→拖动鼠标绘制图形→松开鼠标键完成绘制。熟练掌握本章的知识，是使用Illustrator CC进行平面设计的基础。

2.1 入门——基本概念与基础操作

下面就来了解一下【矩形】、【椭圆】、【多边形】和【星形】工具的基本操作技巧。

2.1.1 【矩形】工具的使用

使用矩形工具创建矩形的方法有两种。

单击【矩形】工具，在画布中合适的位置单击并按住鼠标左键不放，拖拽鼠标到合适的位置，松开鼠标左键，即可绘制一个矩形，如图2-1所示。

单击【矩形】工具，按住【Shift】键不放，在画布中单击并拖拉鼠标，可以绘制一个正方形，如图2-2所示；按住【Alt】键不放，在画布中单击并拖拉鼠标，可以绘制一个以鼠标落点为中心的矩形，如图2-3所示；按住【Alt+Shift】键不放，在画布中单击并拖拉鼠标，可以绘制一个以鼠标落点为中心的正方形，如图2-4所示。

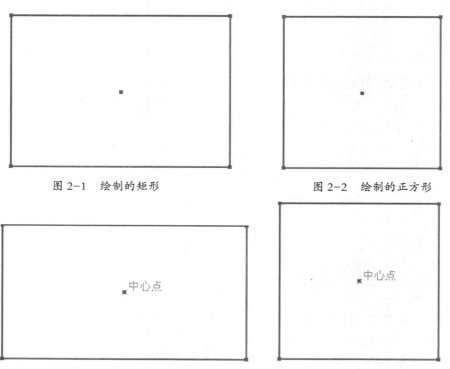

图 2-1 绘制的矩形   图 2-2 绘制的正方形

图 2-3 落点为中心的矩形   图 2-4 落点为中心的正方形

 提示 选择【矩形】工具，在画布中单击并拖拉鼠标，按住【空格】键不放，可冻结当前正在绘制的图形，将其移动到画布中的任意位置后，松开【空格】键后可继续绘制矩形。

单击【矩形】工具，在画布中需要的位置单击，此时弹出【矩形】对话框，如图2-5所示。在对话框中可以设置矩形的"宽度"和"高度"，设置完成后单击【确定】按钮，得到如图2-6所示的矩形。

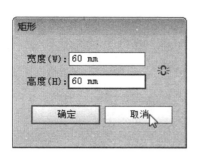

图 2-5　【矩形】对话框

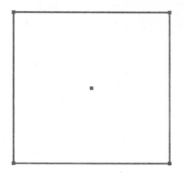

图 2-6　通过数值绘制的矩形

 提示 在矩形绘制完成后，再想改变它的大小，可以通过选择莱单【窗口】→【变换】命令，在弹出的【变换】调板中，改变【W】（宽度）及【H】（高度）数值框中的数值，重新设置。

2.1.2　【椭圆】工具的使用

单击【椭圆】工具，按住【Shift】键不放，在画布中单击并拖拉鼠标，可以绘制一个圆，如图2-7所示；按住【Alt】键不放，在画布中单击并拖拉鼠标，可以绘制一个以鼠标落点为中心的椭圆，如图2-8所示；按住【Alt+Shift】组合键不放，在画布中单击并拖拉鼠标，可以绘制一个以鼠标落点为中心的圆，如图2-9所示。

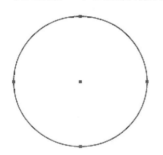

图 2-7　绘制的圆

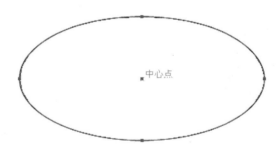

图 2-8　落点为中心的椭圆

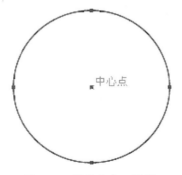

图 2-9　落点为中心的圆

　　单击【椭圆】工具，在画布中需要的位置单击，此时弹出【椭圆】对话框，如图2-10所示。在对话框中可以设置椭圆的"宽度"和"高度"，设置完成后单击【确定】按钮，得到如图2-11所示的圆形。

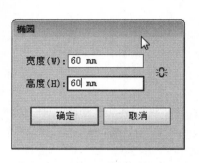

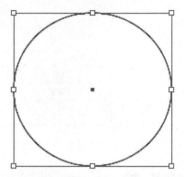

图 2-10　【椭圆】对话框　　　　　　　　　　图 2-11　通过数值绘制的圆

2.1.3　【多边形】工具的使用

　　单击【多边形】工具，按住【Shift】键不放，在画布中单击并拖拉鼠标，可以绘制一个正立的多边形，如图2-12所示；按住【Alt】键不放，在画布中单击并拖拉鼠标，可以绘制一个以鼠标落点为中心的多边形，如图2-13所示；按住【Alt+Shift】组合键不放，在画布中单击并拖拉鼠标，可以绘制一个以鼠标落点为中心的正立的多边形，如图2-14所示。

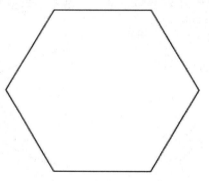

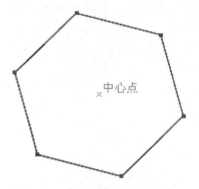

图 2-12　绘制的正立的多边形　　　　　　　图 2-13　落点为中心的多边形

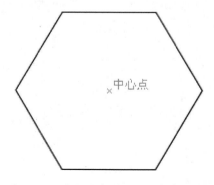

图 2-14　落点为中心的正立的多边形

单击【多边形】工具，在画布中需要的位置单击，此时弹出【多边形】对话框，如图2-15所示。在对话框中可以设置多边形的"半径"和"边数"，设置完成后单击【确定】按钮，得到如图2-16所示的圆形。

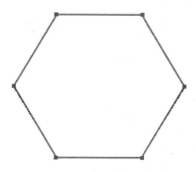

图2-15　【多边形】对话框　　　　　　　　图2-16　通过数值绘制的多边形

2.1.4　【星形】工具的使用

单击【星形】工具，按住【Shift】键不放，在画布中单击并拖拉鼠标，可以绘制一个正立的星形，如图2-17所示；按住【Alt】键不放，在画布中单击并拖拉鼠标，可以约束星形的每一个角点都在同一条直线上，如图2-18所示；按住【Alt+Shift】组合键不放，在画布中单击并拖拉鼠标，可以绘制每个角的尖线在同一直线的正立的星形，如图2-19所示；按住【Ctrl】键不放，拖拽绘制，可以控制星形的缩进程度，绘制出如图2-20所示的星形。

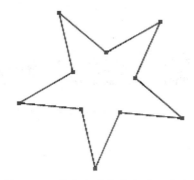

图 2-17　绘制的正立的星形　　　　　　　图 2-18　每个角的尖线在同一直线的星形

图 2-19　每个角的尖线在同一直线的正立的星形

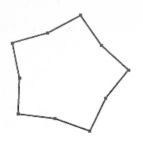  

图2-20　不同缩进程度的星形

　　单击【星形】工具，在画布中需要的位置单击，此时弹出【星形】对话框，如图2-21所示。在对话框中可以设置星形的"半径"和"角点数"，设置完成后单击【确定】按钮，得到如图2-22所示的星形。

图2-21　【星形】对话框　　　　　　　　　图2-22　通过数值绘制的星形

2.2 进阶——导航条上指示图标的绘制

　　2.1节具体介绍了【矩形】、【椭圆】、【多边形】和【星形】工具的使用，使读者对这些基础操作有了一定的了解，下面通过一些典型实例巩固所学知识。

　　打开网络页面，导航条上都会有一些图形类的小图标，这些小图标就是每个栏目的分类指示图，如图2-23所示。

图2-23　导航条上的指示图标

　　这些图标是通过简单的图形来表示每个栏目的大体内容，形象地将网络页面上的众多内容有条理地区分开来，让浏览者一目了然，轻松便捷地找到自己感兴趣和想要浏览的东西。

　　下面就以一组指示图标为例来讲解一下如何绘制导航条上的图标。

最终效果

本例的最终效果如图2-24所示。

图 2-24　指示图标的绘制

解题思路

1 使用【椭圆】工具图标模板。
2 使用【矩形】、【椭圆】、【圆角矩形】、【直接选择】工具完成图标的绘制。

操作步骤

1 首先来绘制一个统一的图标模板，新建一个Illustrator文件。
2 在弹出的【新建文档】对话框中设置新建文档配置文件的大小为A4，单位为毫米，出血均为2mm，如图2-25所示。

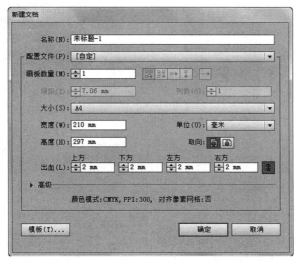

图 2-25　【新建文档】对话框

3 选择【工具】面板中的【椭圆】工具，在画布中单击希望椭圆定界框左上角所在的位置，在弹出的【椭圆】参数设置面板中，指定圆的"宽度"和"高度"，然后单击【确定】按钮绘制一个正圆，如图2-26所示。

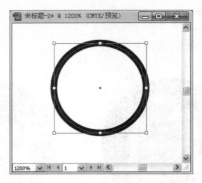

图 2-26　绘制圆形

4　默认绘制出的圆，其填充色为白色，描边色为黑色，这里需要在【控制栏】中将刚刚绘制的正圆的填充色指定为黑色，且无描边效果，如图2-27所示。

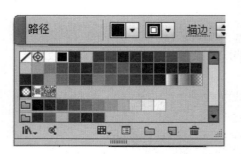
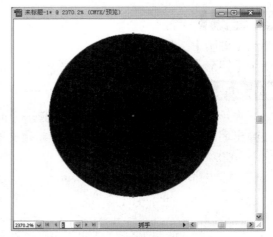

图 2-27　填充和描边颜色设置

5　再选择【椭圆】工具绘制一个"W=5mm，H=5mm"的正圆，无描边，填充颜色为淡灰色，如图2-28所示。

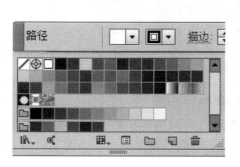
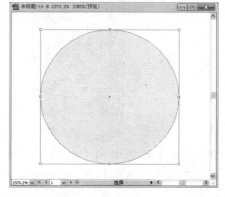

图 2-28　填充和描边颜色设置

6　选择【工具】面板中的【选择】工具，在刚绘制好的淡灰色正圆上单击鼠标左键将其选中，通过直接拖动鼠标或者使用键盘上的方向键移动，将绘制好的两个圆叠加起来，如图2-29所示。

图 2-29　圆的位置调整

7　使用【选择】工具，选中工作区中淡灰色的正圆，单击鼠标右键，使用【排列】→【后移一层】命令，将淡灰色的正圆置于黑色正圆的下方，如图2-30所示。

图 2-30　调整排列顺序

8　经过以上步骤，小图标的圆形模板就绘制好了，完成效果如图2-31所示。

图 2-31　完成效果

下面在绘制好的圆形模板上绘制不同的指示图标，首先来绘制音乐栏目的图标。说到音乐就会联想到音符，这里就用音符作为音乐栏目图标的特定符号进行绘制，操作步骤如下。

9 选择【椭圆】工具，在模板的左下方绘制一个橘黄色的小圆，作为音符的符头，如图2-32所示。

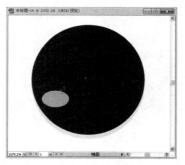

图 2-32　绘制音符的符头

10 选择【矩形】工具，在刚绘制的符头右侧绘制一个橘黄色矩形，并调整到合适的位置，作为音符的符干，如图2-33所示。

图 2-33　绘制音符符干

11 使用【选择】工具，选中刚绘制好的音符的符头，按【Shift】键加选音符的符干，然后按下【Enter】键，此时弹出【移动】参数面板，在面板中进行如图2-34所示的参数设置，设置完成后单击【复制】按钮，并将复制出的图形移动到如图2-35所示的位置。

图 2-34　参数调整　　　　　图 2-35　复制音符

12 再选择【矩形】工具，将鼠标停留在左侧第一个音符符尾的左上角，这时会出现"锚点"的字样。这样就确定了需要绘制的矩形的起点，如图2-36所示。

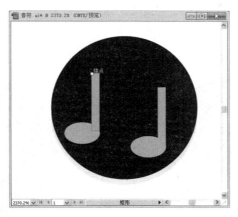

图 2-36　确定绘制矩形的起点

13 确定起点后单击鼠标左键，完成矩形的绘制。以这个矩形作为音符的符尾，如图2-37所示。

图 2-37　绘制矩形

14 单击【工具】面板中的【旋转】工具，按住【Alt】键不放，单击定位旋转的中心点，此时弹出【旋转】参数面板，在对话框中进行相应的参数设置，设置完成后单击【确定】按钮，如图2-38所示。

图 2-38　音符符尾的位置调整

15 通过观察发现音符的符尾与符干相交的地方，并没有对齐，这时选择【工具】面板中的【直接选择】工具，选择音符符尾上的锚点，通过拖拽鼠标或者使用键盘上的方向键移动，对音符符尾进行细微的对齐调整，如图2-39所示。

16 通过上面的操作完成了音乐栏目的图标绘制，效果如图2-40所示。

图 2-39　音符符尾细节调整　　　　　　　图 2-40　最终效果图

接下来绘制网友互动的图标。既然是网友间的互动，那么就需要人和人之间的联系。这里选用两个卡通小人，表现网友间互动这一重要信息来进行图标的绘制。操作步骤如下。

17 首先选择【椭圆】工具，按住【Shift】键同时拖动鼠标，在模板中绘制一个正圆，如图2-41所示。

18 选择【工具】面板中的【选择】工具，按住【Alt】键，拖动鼠标对刚绘制的圆进行复制，如图2-42所示。

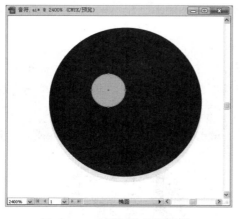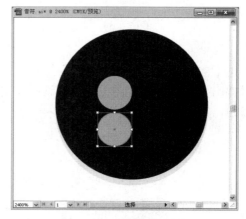

图 2-41　在模板中绘制正圆　　　　　　　图 2-42　圆的复制

19 选择刚复制的圆，按住【Shift】键对其进行等比缩放，并调整到适当的位置，如图2-43所示。

20 选择【工具】面板中的【直接选择】工具，选择大圆最下面的锚点，拖拽向上移动，完成卡通小人的绘制，如图2-44所示。使用【选择】工具，选中上面的小椭圆，再按住【Shift】键选中下面修改好的椭圆，选择菜单【对象】→【编组】命令，将两个图形编组。

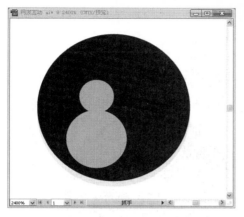
图 2-43 圆的缩放及位置调整

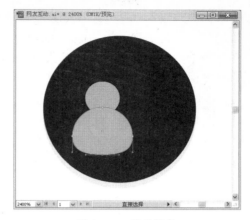
图 2-44 圆的调整

21 单击【工具】面板中的【比例缩放】工具，按住【Alt】键，单击比例缩放中心，在弹出的【比例缩放】对话框中输入相应的数值，并单击【复制】按钮，如图2-45所示。

图 2-45 通过【比例缩放】对话框调整后的效果

22 调整卡通人的位置，稍大的卡通人置于左侧，小的置于右侧稍后一些的位置，这样会给人一种距离感。最终完成效果如图2-46所示。

图 2-46 最终效果图

接下来绘制购物类的图标。说到购物车就会想到超市中的购物篮，那么就以超市中的购物篮为原型绘制购物类的图标，具体操作步骤如下。

23 首先单击【圆角矩形】工具，在页面中适当的位置单击，在弹出的【圆角矩形】参数面板中设置相应参数，并单击【确定】按钮，绘制一个圆角矩形，如图2-47所示。

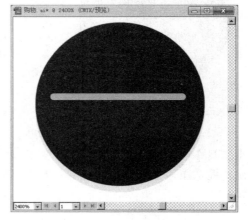

图2-47　绘制圆角矩形

24 选择【选择】工具，单击选择绘制好的圆角矩形，按【Enter】键，此时弹出【移动】对话框，在对话框中进行如图2-48所示的参数设置，设置完成后单击【复制】按钮，效果如图2-49所示。

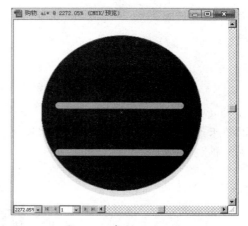

图2-48　【移动】对话框　　　　　　　图2-49　复制后的效果

25 单击【选择】工具，选择复制后的圆角矩形，单击菜单【窗口】→【变换】命令，显示【变换】调板，在调板中进行相应的参数设置，如图2-50所示。

26 单击【圆角矩形】工具，在页面中合适的位置单击，在弹出【圆角矩形】参数面板中设置相应参数，设置完成后单击【确定】按钮，如图2-51所示。

27 单击【工具】面板中的【旋转】工具，按住【Alt】键不放，单击定位旋转的中心点，此时弹出【旋转】对话框，在对话框中进行相应的参数设置，设置完成后单击【确定】按钮，如图2-52所示。

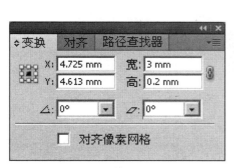 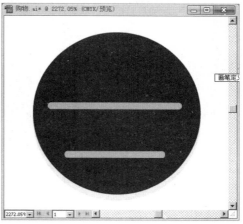

图2-50 设置【变换】调板

图2-51 【圆角矩形】对话框

 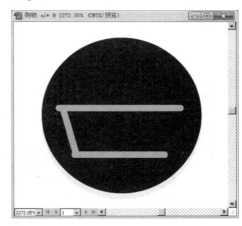

图2-52 【旋转】对话框

28 单击【选择】工具，选择旋转后的图形，然后单击【镜像】工具，按住【Alt】键不放，单击定位镜像的中心点，此时弹出【镜像】对话框，在对话框中进行相应参数的调整，如图2-53所示。

29 设置完成后单击【复制】按钮，效果如图2-54所示。

30 单击【工具】面板中的【直线】工具，在页面中合适的位置按住【Shift】键不放，拖拽鼠标绘制一条直线，绘制效果如图2-55所示。

图2-53 【镜像】对话框

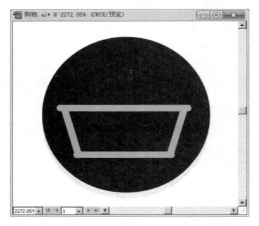

图 2-54 镜像复制后的效果

图 2-55 绘制直线后的效果

31 单击【选择】工具，单击选择绘制好的直线，通过【描边】调板设置直线的宽度，如图2-56所示。

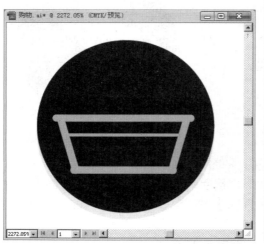

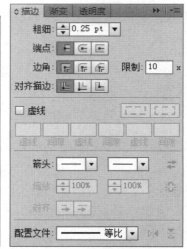

图2-56 【描边】调板

32 单击【选择】工具，按住【Alt】键不放拖拽鼠标复制。复制直线后的效果如图2-57所示。

图 2-57 复制后的效果

33 单击【选择】工具,在页面中合适的位置拖拽鼠标绘制一条直线,如图2-58所示。

34 单击【选择】工具,按住【Alt】键不放拖拽鼠标复制。选择【菜单】→【变换】→【再次变换】命令,重复复制后的效果如图2-59所示。

图 2-58 绘制直线

图 2-59 复制后的效果

35 单击【圆角矩形】按钮,在页面中合适的位置创建圆角矩形。相应参数设置如图2-60所示。

36 单击【选择】工具,选择圆角矩形,将其移动并进行旋转,如图2-61所示。

37 单击【镜像】工具,按住【Alt】键不放,单击镜像的中心点,在【镜像】对话框中进行如图2-62所示的参数设置,设置完成后单击【复制】按钮,完成绘制。

38 购物类的图标绘制最终效果如图2-63所示。

按照相同的方法还可以创作其他的指示图标。

图2-60　【圆角矩形】对话框　　　　图2-61　调整圆角矩形到合适位置

图2-62　【镜像】对话框　　　　图2-63　最终效果图

2.3 提高——自己动手练

　　下面再通过两个实例的制作继续巩固前面所学的知识，请读者根据操作提示自己动手练习。

2.3.1 卡通风格背景绘制

　　背景画的风格有写实、卡通、唯美、简约、时尚等，下面就通过卡通类背景画的绘制来全面熟练掌握基本绘图工具的使用。

最终效果

　　本例的最终效果如图2-64所示。

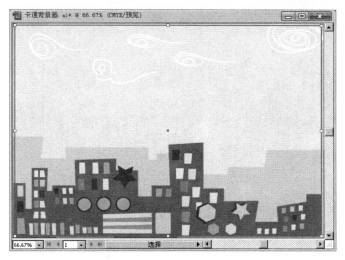

图 2-64　最终效果

■ 解题思路 ■

1　使用【矩形】工具、【直接选择】工具，绘制最远处的楼房。
2　使用【矩形】工具、【星形】工具、【多边形】工具，绘制大楼的玻璃和装饰。
3　使用【铅笔】工具绘制太阳和云朵，完成最终绘制。

■ 操作提示 ■

1　新建一个Illustrator文件，在弹出的【新建文档】对话框中设置新建文档配置文件的大小为A4，单位为毫米，出血均为2mm。
2　使用【矩形】工具，绘制矩形，同画布大小，并在【颜色】调板中调整填充色及轮廓描边属性，完成效果如图2-65所示。

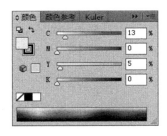

图 2-65　绘制背景矩形

3　使用【矩形】工具及【直接选择】工具，绘制如图2-66所示的图形。

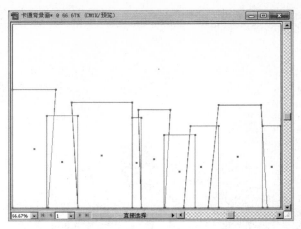

图 2-66　绘制的矩形

4 通过菜单【对象】→【编组】命令，将绘制的矩形编组，并通过【颜色】调板调整填充色值为（C：9、M：0、Y：28、K：0），轮廓描边为无色，完成如图2-67所示的效果。

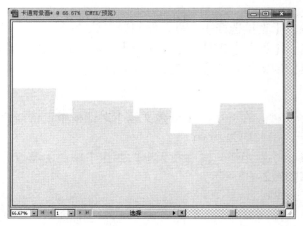

图 2-67　调整填充色后的效果

5 选中编组后的矩形，通过【比例缩放】工具，缩放并复制，并通过【颜色】调板对填充及描边属性进行调整，如图2-68所示。

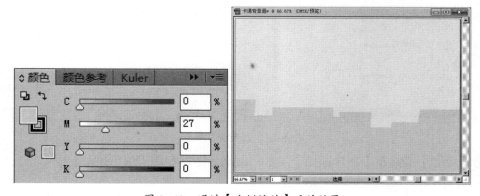

图 2-68　通过【比例缩放】后的效果

6 重复操作步骤3及步骤4，完成如图2-69所示的效果。

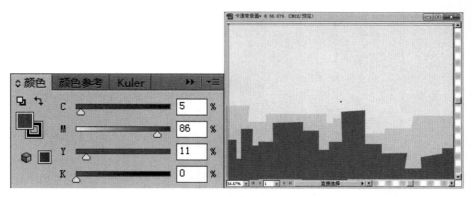

图 2-69 绘制好的矩形

7 使用【矩形】工具及【直接选择】工具，绘制出如图2-70所示的矩形组合。

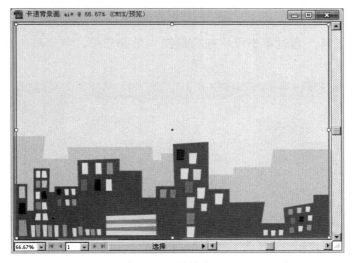

图 2-70 绘制的矩形

8 调整填充颜色可参考如图2-71所示的颜色值。

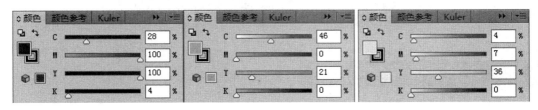

图2-71 【颜色】调板

9 使用【椭圆】、【圆角矩形】、【星形】、【多边形】工具进行绘制，调整绘制图形的
填充色值可参考步骤8中的色值，效果如图2-72所示。

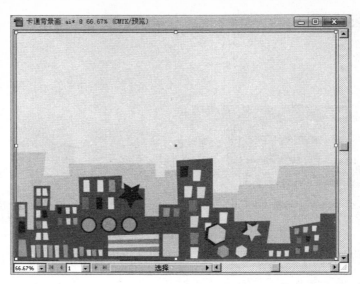

图 2-72　绘制的图形

10 使用【铅笔】工具，通过单击鼠标拖拉绘制太阳和云朵，完成后的绘制效果如图2-73所示。

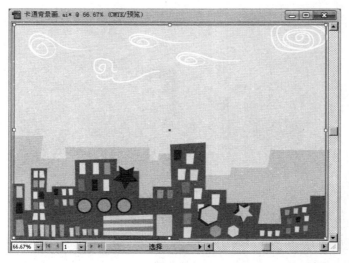

图 2-73　最终效果

2.3.2　个性卡片图案的绘制

卡片图案的应用范围很广，可以用到贺卡、礼品卡、小画册、标签、纸牌等很多领域，下面就通过书籍卡片的设计，来全面熟练掌握基本绘图工具的使用。

最终效果

作品表现的是可爱的小书签的设计，效果如图2-74所示。

解题思路

1 使用【矩形】工具绘制书签的主题。

2 使用【美工刀】工具进行剪裁。

3 使用【星形】工具绘制装饰图案，完成个性卡片的绘制。

操作提示

1 新建一个Illustrator文件，在弹出的【新建文档】对话框中设置新建文档配置文件的大小为50mm×12mm，出血均为2mm。

2 使用【矩形】工具，绘制画布大小的矩形，作为书签的主体，使用【矩形】工具，绘制矩形，并调整到如图2-75所示的位置。

图2-74　最终效果

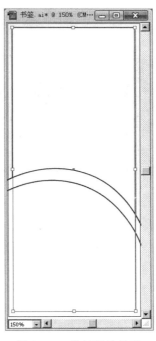

图2-75　绘制好的椭圆

3 在【颜色】调板中调整绘制出的图形的填充及描边属性，如图2-76所示。完成效果如图2-77所示。

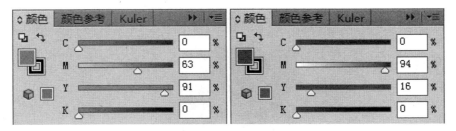

图2-76　【颜色】调板

4 选择【星形】工具绘制一个星形；再使用【矩形】工具绘制一个矩形，设置颜色为无。使用【选择】工具，将二者选中，单击鼠标右键，在菜单中选择【建立剪切蒙版】命令，如图2-78所示。完成效果如图2-79所示。

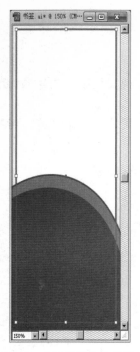

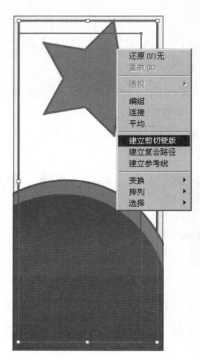

图2-77　调整颜色后效果　　　　图2-78　【建立剪切蒙版】　　　　图2-79　【建立剪切蒙版】后效果

5　将剪切后的星形移动到合适的位置上，如图2-80所示。

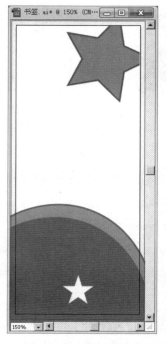

图 2-80　调整星形到适当的位置

6　选择【星形】工具，绘制星形，放置到适当的位置，选中上面的星形，在【画笔】调板中选择画笔的样式，如图2-81所示。

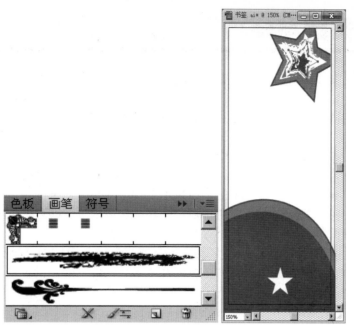

图 2-81 调整画笔后效果

7 使用【螺旋线】工具，在合适的位置绘制装饰，完成书签卡片的绘制。最终完成效果如图2-82所示。

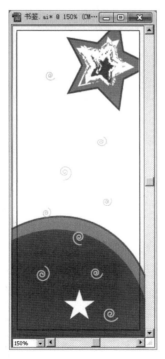

图 2-82 最终完成效果

2.4 答疑与技巧

问 除了通过在【旋转】对话框中输入数值外，还有什么方法可以进行对象旋转吗？

答 通常进行对象旋转的方法有3种：如果旋转的角度需要非常精确的话，通过【旋转】对话框，在【角度】选项中输入数值精确设置旋转角度；如果不需要精确设置旋转角度，可以通过范围框来任意角度旋转对象；或者使用【变换】调板，在【角度】选项中输入数值来设置旋转的角度。

问 Illustrator默认的对象镜像中心是对象的中心，如何调整对象的镜像中心？

答 选中需要镜像的物体后，单击【镜像】工具，此时在对象的中心显示出绿色的镜像中心点，移动鼠标选中镜像中心，并调整至合适的位置即可。

问 如何能够使绘制的完整路径变成两个独立闭合的路径呢？

答 可以通过【美工刀】工具来实现，选中画面中需要裁切的完整路径，单击【美工刀】工具，在需要裁切路径的合适位置单击并按住鼠标左键，从起始端至结束端拖拽，松开鼠标左键。此时原来闭合的路径就被裁切为两个闭合的路径了。

结束语

本章详细讲解了Illustrator CC【工具】栏中的基本绘图工具，其中包括【矩形】工具、【椭圆】工具、【多边形】工具、【星形】工具等，通过本章的学习，读者能够熟练地掌握这些基本绘图工具的使用，并熟练运用这些基本绘图工具绘制出精美的矢量图形。

Chapter 3

第3章
路径的绘制与编辑

本章要点

入门——基本概念与基本操作

- 关于路径
- 关于节点
- 用铅笔工具绘图
- 用钢笔工具绘图

- 添加、删除和转换锚点

进阶——典型实例

- 绘制表情符号
- 绘制卡通闹钟

提高——绘制"导语花香"装饰画

本章导读

在Illustrator CC中，所有图形都是由路径组成的。路径的使用自然成为Illustrator CC最重要的部分。

本章主要讲解Illustrator CC中路径的相关知识、钢笔工具组（钢笔工具和转换点工具）的使用和路径菜单命令（链接路径、平均路径、偏移路径、轮廓化笔触、分割下方对象等）的使用方法。通过本章的学习，用户可以运用强大的钢笔工具绘制出需要的卡通或图形。

3.1 入门——基本概念与基本操作

在使用Illustrator绘制图形的过程中，可以自己动手绘制一些比较简单的图形，然后再对其进行编辑，在学习绘图之前要了解与绘图相关的基本概念。

3.1.1 关于路径

Illustrator CC提供了多种绘制路径的工具，如矩形工具、椭圆工具、铅笔工具、多边形工具和钢笔工具等。绘制时产生的线条称为路径，它由一个或多个路径组成（即由节点连接起来的一条或多条线段组成），可以通过调整路径上的点来改变它的形状。

路径分为开放路径（直线路径、曲线路径）、闭合路径和复合路径3种类型。

开放路径： 有两个明显的端点，且两个端点没有连接在一起，中间有任意数目的定位点，如图3-1所示。

闭合路径： 是一条连续的路径，没有终点和起始点，如图3-2所示。

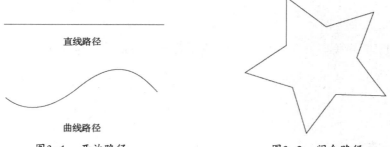

图3-1　开放路径　　　　　　　　　　图3-2　闭合路径

复合路径： 由两个或多个开放或闭合路径组合而成的路径，如图3-3所示。

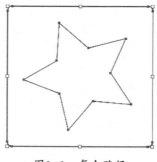

图3-3　复合路径

3.1.2 关于节点

节点是构成路径的最基本元素，通常也被叫做"锚点"。可以通过钢笔工具在路径上任意添加或删除节点，也可以通过调整节点来改变路径的形状，还可以通过转换点工具对节点进行转换。

Illustrator CC中的锚点可以分为平滑点和角点两种类型，如图3-4所示。

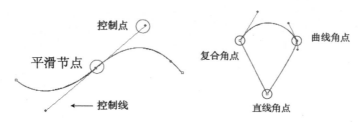

图3-4 平滑点和角点

📷 **平滑点**：曲线路径平滑地通过这些锚点，平滑点使路径不突然改变方向，每一个平滑点有两个相关联的控制把手。

📷 **角点**：路径在角点上改变方向。按相交线形，角点可分为直线角点、曲线角点和复合角点。直线角点指节点没有控制线，而且两条直线以某个角度形成的交点；曲线角点指有两条控制线，而且是两条方向各异的曲线相交产生的点；复合角点指角点上只有一条控制线，而且是一条直线和一条曲线相交产生的点。

3.1.3 用铅笔工具绘图

【铅笔】工具可用于绘制开放路径和闭合路径，就像铅笔在纸上绘图一样。这对于快速素描或创建手绘外观最有用。

使用【铅笔】工具绘制路径的方法如下。

1 单击【工具】箱中的【铅笔】工具。

2 将工具定位到希望路径开始的地方，然后拖动绘制路径。"铅笔"工具显示很小的叉子表示绘制自由的路径，如图3-5所示是利用【铅笔】工具绘制的图形。

图3-5 利用铅笔工具绘制的图形

 提示 使用【铅笔】工具绘制闭合路径，先将工具定位到路径开始的地方，开始拖动后，按下【Alt】键。【铅笔】工具显示一个小圆表示正在创建闭合路径。当路径达到所需要的大小和形状时，松开鼠标。路径闭合后，再松开【Alt】键。

3.1.4 用钢笔工具绘图

使用钢笔工具可以绘制简单的直线，同时也可以绘制复杂的曲线。

1. 使用【钢笔】工具绘制直线

单击【钢笔】工具，在画布中适当的位置单击鼠标，确定直线的起点，拖动鼠标到需要的位置，按住【Shift】键不放，再次单击鼠标左键确定直线的终点，如图3-6所示。

在需要的位置连续单击确定直线路径的其他节点，就可以绘制折线路径，如图3-7所示。

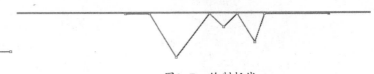

图3-6 绘制直线 图3-7 绘制折线

2. 使用【钢笔】工具绘制曲线

单击【钢笔】工具，在页面中合适的位置按住鼠标左键并拖拽鼠标，确定曲线的起点，此时出现两条控制线，松开鼠标，如图3-8所示。

移动鼠标到需要的位置，再次单击并按住鼠标左键拖拽鼠标，此时出现了一条曲线段，如图3-9所示。

在需要的位置连续单击并拖拽鼠标，可以绘制出一些连续的平滑曲线，如图3-10所示。

图3-8 绘制曲线的起点　　　图3-9 绘制曲线段　　　图3-10 绘制平滑曲线

 提示 结束路径的方法有两种：一种是按住【Ctrl】键不放，单击图形外的任意位置；另一种是单击工具箱中的其他工具。

3.1.5 添加、删除和转换锚点

在选定了路径或者图形对象后，就可以使用各种编辑工具对它们进行修改了。

1. 将锚点添加到路径

选择希望添加锚点的完整路径，单击【钢笔】工具或【添加锚点】工具，将指针定位到路径线段上方然后单击，此时路径上就会增加一个新的锚点。

2. 从路径中删除锚点

选择要从中删除锚点的完成路径，单击【钢笔】工具或【删除锚点】工具，将指针定位到锚点上方后单击，该锚点就会被删除。

3. 转换平滑点和角点

选择要修改的完整路径，单击【转换锚点】工具，将指针定位在要转换的锚点上方，单击路径上的锚点可以使平滑点转换为角点，如图3-11所示。

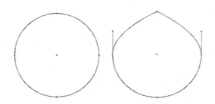

图3-11　将平滑点转换为角点

选择要修改的完整路径，单击【转换锚点】工具，将指针定位在要转换的锚点上方，按住鼠标不放并拖拽鼠标，此时角点转换为平滑点，如图3-12所示。

图3-12　将角点转换为平滑点

3.2　进阶——典型实例

前面介绍了钢笔工具的使用，使读者对Illustrator CC中的钢笔工具有了一定的了解，下面通过一些典型的实例，练习使用钢笔组工具，使读者能够快速掌握钢笔组工具的使用方法和技巧，为以后的动画制作打下坚实的基础。

3.2.1　绘制表情符号

对于网络中的各种表情符号，经常网上冲浪并喜欢网上聊天，或Blog的朋友都知道。我们在网上聊天或Blog上留言的时候，页面上会有一些可爱的表情符号供大家留言时选用，如图3-13所示。这是一组网上聊天时最常见的表情符号。这些有趣的表情符号可以夹杂到我们拼写的留言里，用来增添留言趣味性，会使原本枯燥的文字看起来活泼生动。下面就以一套表情符号为例，来讲解一下如何绘制表情符号。

图3-13　表情符号绘制

▌最终效果▐

一套表情符号中会包含若干个表情符号，它们都是在一个相同的模板基础上创造出来的，有着统一的造型和基础色调，如图3-14所示。

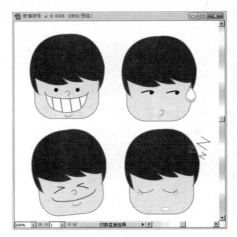

图3-14　表情符号绘制

解题思路

1 每套表情符号都有统一的符号模板。

2 每个表情符号所表达的意思都各不相同，有代表喜悦心情的；有代表悲伤状态的；还有代表拼搏气势的等。表情符号的创作灵感主要是源于生活中人们多变的面部表情，平时多留心观察人物面部的表情变化，可以捕捉到更多的灵感。

3 要制作生动的表情，夸张是少不了的。有了正确的夸张，表情才会更加生动。

操作步骤

首先绘制一个统一的符号模板。

1 新建一个Illustrator文件。

2 在弹出的【新建文档】对话框中设置新建文档配置文件的大小为A4，单位为毫米，出血均为2mm，如图3-15所示。

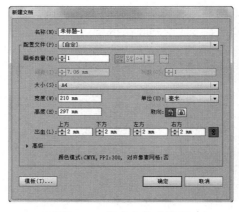

图3-15　新建文档对话框

3 选择【工具】面板中的【圆角矩形】按钮，在画布中单击鼠标左键设置圆角矩形参数，单击【确定】按钮完成圆角矩形绘制，如图3-16所示。

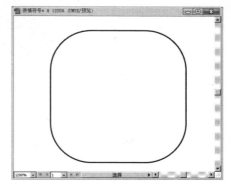

图3-16 绘制圆角矩形

4 在【工具选项属性栏】设置画笔定义及描边粗细，如图3-17所示。

图3-17 画笔定义及描边设置

5 单击菜单栏上的【窗口】→【颜色】命令，在【颜色】调板中设定描边颜色为橘黄色，填充颜色为肉粉色，如图3-18所示。

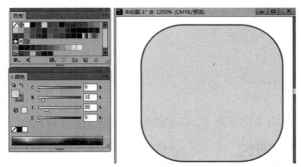

图3-18 填充和描边颜色设置

6 选择【工具】面板中的【钢笔】工具，单击菜单栏上的【窗口】→【颜色】命令，在【颜色】调板中，将画笔的填充颜色设置为棕色并将描边颜色设置为橘黄色，如图3-19所示。

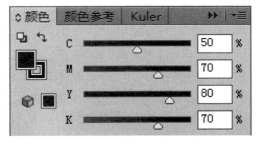

图3-19 头发颜色设置

7 绘制弯曲动感十足的头发。具体绘制步骤如图3-20所示。

图3-20   头发绘制步骤

下面在绘制好的符号模板上绘制不同的表情，首先来绘制大笑的表情，操作步骤如下。

8 选择【工具】面板中的【椭圆】工具，设置椭圆的高度和宽度，如图3-21所示。

9 绘制两只圆圆的眼睛，并摆放到合适的位置，如图3-22所示。

图3-21   椭圆参数设置

图3-22   眼睛位置的摆放

10 选择【工具】面板中的【钢笔】工具绘制鼻子和嘴巴的轮廓，步骤如图3-23所示。

图 3-23   绘制鼻子嘴巴轮廓

11 选中刚刚绘制的嘴巴图形，将填充色定义为白色，如图3-24所示。

12 选择【工具】面板中的【直线】工具，设置直线的长度和角度，如图3-25所示。

13 选中绘制的直线，按住【Alt】键，向右拖动对直线进行复制并调整，绘制出滑稽的牙齿，如图3-26所示。

按照相同的方法绘制流汗的表情，操作步骤如下。

14 使用【钢笔】工具及【椭圆】工具绘制眼睛，如图3-27 所示。

15 选中刚刚绘制的眼睛，使用【对象】→【编组】命令，将眼睛编组。

16 选中编组后的眼睛图形进行复制，并摆放到适当位置，如图3-28所示。

图 3-24　填充嘴巴颜色

图 3-25　直线参数设置。

图3-26　绘制雪白牙齿

图 2-27　眼睛的绘制　　　　　　　图3-28　眼睛的位置摆放

17 使用【钢笔】工具绘制嘴巴及汗珠。绘制步骤如图3-29所示。

使用同样的方法绘制幸福的表情，操作步骤如下。

18 使用【钢笔】工具绘制眼睛，如图3-30所示。

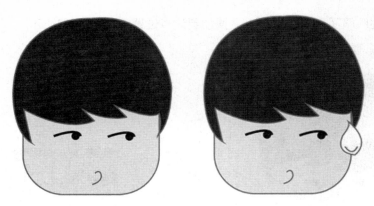

图3-29　流汗的表情绘制

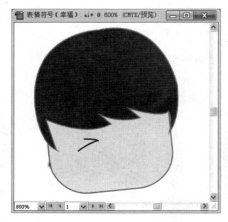

图3-30　眼睛的绘制

19 选择刚绘制的眼睛，单击鼠标右键，使用【变换】→【对称】命令，对图形进行镜像。调整眼睛的位置，如图3-31所示。

图3-31　眼睛的镜像及位置调整

20 使用【钢笔】工具绘制鼻子和嘴巴。绘制步骤如图3-32所示，注意五官之间的距离。

图3-32　鼻子和嘴巴的绘制

使用同样的方法绘制睡眠的表情，操作步骤如下。

21 使用【钢笔】工具绘制眼睛，使用【椭圆】工具绘制嘴巴，如图3-33所示。注意可以使用【钢笔】工具加一些"Z"来表示睡觉时发出的呼呼声音。

图3-33　睡眠表情绘制步骤

按照相同的方法还可以创作其他的表情符号。

3.2.2　绘制卡通闹钟

下面以卡通闹钟的绘制为例讲解路径工具的应用。

▌最终效果▐

本例的最终效果如图3-34所示。

图3-34　最终效果

解题思路

1 使用【椭圆】工具绘制闹钟的轮廓。
2 使用钢笔工具组绘制闹钟的图形。
3 结合【镜像】工具完成最终绘制。

操作步骤

1 新建一个Illustrator文件。
2 在弹出的【新建文档】对话框中设置新建文档配置文件的大小为A4，单位为毫米，出血均为2mm，如图3-35所示。

图3-35 【新建文档】对话框

3 单击【椭圆】工具，在画布中合适的位置单击鼠标，弹出【椭圆】对话框，在对话框中进行相应的参数设置，设置完成后单击【确认】按钮，如图3-36所示。

图3-36 【椭圆】对话框

4 单击菜单栏上的【窗口】→【颜色】命令，在【颜色】调板中设置填充色的属性值，如图3-37所示。设置轮廓线为无色，效果如图3-38所示。

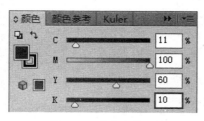

图3-37 【颜色】调板

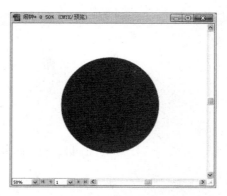

图3-38 设置填充后的椭圆

5 单击【工具】箱中的【选择】工具并选择椭圆。选择菜单【编辑】→【复制】命令，再选择菜单【编辑】→【贴在前面】命令，在【颜色】调板中，更改椭圆的填充颜色，色值为（C：2、M：7、Y：20、K：0），设置轮廓线为无色。

6 单击【工具】箱中的【添加锚点】工具，移动鼠标到椭圆路径线上合适的位置并单击添加锚点，如图3-39所示。

7 单击【工具】箱中的【直接选择】工具，选择需要调整的锚点，拖动鼠标到适当的位置。调整锚点后的效果如图3-40所示。

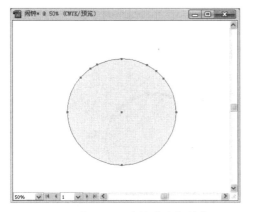 

图3-39　为椭圆添加锚点　　　　　　图3-40　修改后的椭圆

8 单击【工具】箱中的【钢笔】工具，在画布的适当位置按住鼠标左键并拖拽鼠标，确定曲线的起点，此时出现两条控制线，然后松开鼠标，如图3-41所示。

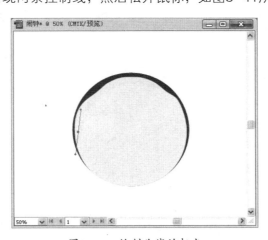

图3-41　绘制曲线的起点

9 在需要的位置连续单击并拖拽鼠标，确定路径上的其他节点，进行封闭图形的绘制，如图3-42所示。

10 单击【工具】箱中的【选择】工具，选中绘制的封闭路径，在【颜色】调板中设置填充颜色，色值为（C：2、M：85、Y：21、K：0），设置轮廓线为无色。

11 调整好的封闭路径效果如图3-43所示。

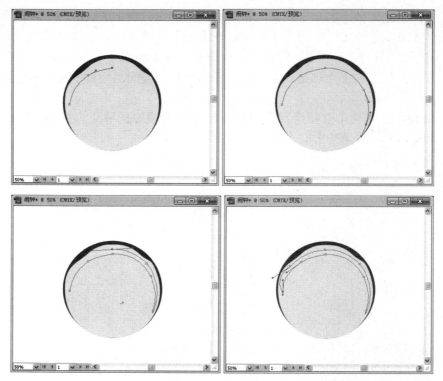

图3-42 绘制的封闭路径

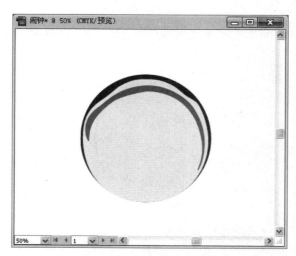

图3-43 调整好的封闭路径

12 单击【工具】栏中的【钢笔】工具，在画布的适当位置按住鼠标左键并拖拽鼠标，确定曲线的起点后，在需要的位置连续单击并拖拽鼠标，确定路径上的其他节点，再绘制一个封闭路径，如图3-44所示。

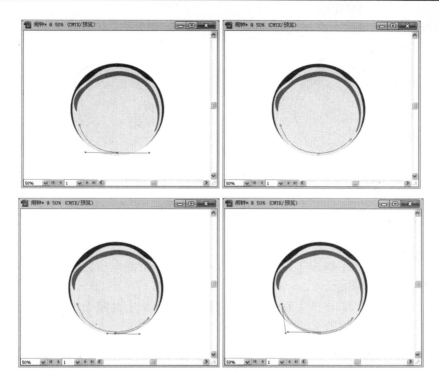

图3-44 绘制好的封闭路径

13 单击【工具】箱中的【选择】工具，选中绘制的封闭路径，在【颜色】调板中设置填充颜色，色值为（C：2、M：70、Y：12、K：5），设置轮廓线为无色。

14 调整好的封闭路径效果如图3-45所示。

15 单击【钢笔】工具，再次绘制如图3-46所示的封闭路径。

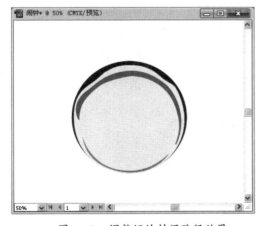

图3-45 调整好的封闭路径效果

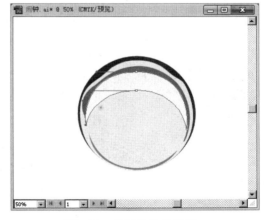

图3-46 绘制的封闭路径

16 在【颜色】调板中调整其填充颜色，色值为（C：0、M：0、Y：0、K：6），设置轮廓线为无色。

17 单击【钢笔】工具，再次绘制如图3-47所示的封闭路径。

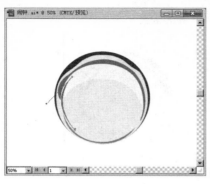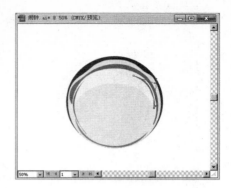

图3-47　绘制的封闭路径

18 在【颜色】调板中调整其填充颜色，色值为（C：2、M：85、Y：21、K：0），设置轮廓线为无色。

19 单击【工具】箱中的【椭圆】工具，在画布中适当的位置拖拽绘制一个椭圆，并调整到适当位置，如图3-48所示。

20 使用【选择】工具，单击选中刚绘制的椭圆，选择菜单【对象】→【排列】→【后移一层】命令，将椭圆的位置重新排列，如图3-49所示。

图3-48　绘制椭圆　　　　　　　　　　　图3-49　调整椭圆位置

21 单击选择【矩形】工具，在画布中拖动绘制一个小矩形，并填充为黑色，如图3-50所示。

图3-50　绘制黑色矩形

22 单击【旋转】工具，按住【Alt】键不放，单击确定旋转中心，在弹出的对话框中设置旋转角度，如图3-51所示。设置完成后单击【复制】按钮。选择菜单【对象】→【变换】→【再次变换】命令，重复旋转复制完成后的效果如图3-52所示。

图3-51　【旋转】对话框

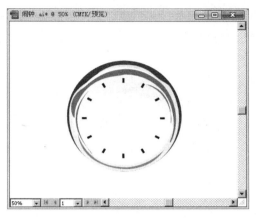

图3-52　复制后的效果

23 单击【椭圆】工具，在画布中拖拽鼠标绘制一个椭圆，位置如图3-53所示。设置椭圆的描边颜色为黑色，填充颜色值为（C：45、M：33、Y：32、K：0）。

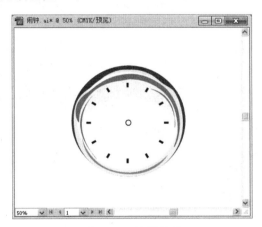

图3-53　绘制椭圆

24 使用【钢笔】工具和【直接选择】工具，在页面中绘制如图3-54所示的图形，并设置描边为无色，填充色值为（C：3、M：80、Y：20、K：0）。

图3-54　绘制图形

25 单击【选择】工具，调整刚绘制的图形到如图3-55所示的位置。

26 使用【钢笔】工具和【直接选择】工具绘制如图3-56所示的路径，在【颜色】调板中修改填充颜色，色值为（C：2、M：70、Y：12、K：5），设置轮廓线为无色，并通过【对象】→【至于底层】命令更改对象的排列顺序。

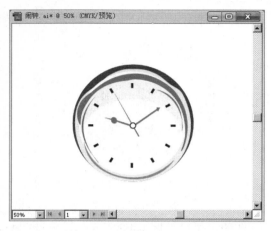

图3-55　调整图形的位置

图3-56　绘制好的路径

27 单击【椭圆】工具，在画布中合适的位置绘制椭圆，如图3-57所示，并在【颜色】调板中调整填充颜色，色值为（C：2、M：7、Y：2、K：0）。

28 单击【钢笔】工具，在页面中合适的位置绘制如图3-58所示的路径，并在【颜色】调板中调整填充颜色，色值为（C：2、M：7、Y：20、K：0）。轮廓描边属性为无色。

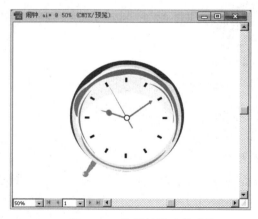

图3-57　绘制椭圆后的效果

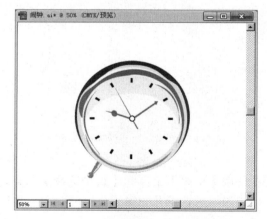

图3-58　绘制路径后的效果

29 单击【选择】工具，选中绘制的闹钟的腿的图形。选择【菜单】→【编组】命令。

30 单击【镜像】工具，按住【Alt】键单击镜像中心，在弹出的【镜像】对话框中进行如图3-59所示的参数设置，设置完成后单击【复制】按钮，镜像复制效果如图3-60所示。

31 单击【钢笔】工具，在页面中合适的位置绘制如图3-61所示的路径，并在【颜色】调板中调整填充颜色，色值如图3-62所示。

图3-59 【镜像】对话框

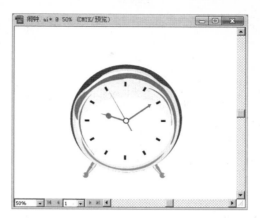

图3-60 镜像后的效果

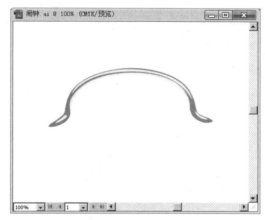

图3-61 绘制好的路径

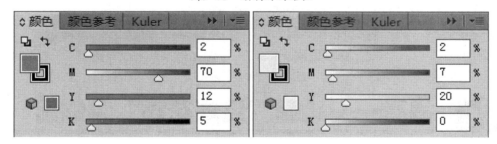

图3-62 【颜色】调板

32 单击【钢笔】工具，在页面中合适的位置绘制如图3-63所示的路径，并在【颜色】调板中调整填充颜色色值为（C：1、M：7、Y：20、K：0），轮廓填充为无色。

33 单击【钢笔】工具，在页面中合适的位置绘制如图3-64所示的路径，并在【颜色】调板中调整填充颜色色值为（C：2、M：70、Y：12、K：5），轮廓填充为无色。

34 单击【椭圆】工具，在页面合适的位置绘制椭圆，并在【颜色】调板中调整填充颜色色值为（C：1、M：7、Y：20、K：0），轮廓填充为无色。

35 单击【选择】工具，选中绘制的闹钟铃的图形，选择【菜单】→【编组】命令。

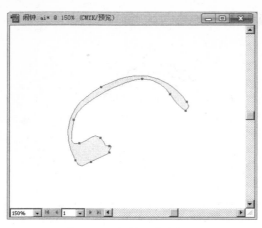

图3-63　绘制好的路径

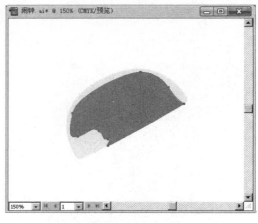

图3-64　绘制好的路径

36 单击【镜像】工具，按住【Alt】键单击镜像中心，在弹出的【镜像】对话框中选择垂直镜像，并单击【复制】按钮完成镜像复制。

37 绘制完成的闹钟效果图如图3-65所示。

图3-65　闹钟效果图

3.3 提高——绘制"鸟语花香"装饰画

　　前面主要介绍了基本图形绘制的相关知识，并通过几个简单的实例进行了具体讲解，下面再通过实例来拓展基础知识的应用，在巩固基础知识的同时激发读者创作的灵感。

最终效果

　　作品表现的是动物图案的装饰画，形象可爱简单，颜色柔和。作品名称叫做"鸟语花香"，如图3-66所示。

解题思路

1 使用【矩形】工具绘制底色。

2 使用【钢笔】工具及【铅笔】工具绘制基本图形。

图3-66 鸟语花香图案

3 通过【旋转】、【比例缩放】等工具完成最终效果。

操作提示

1 新建一个Illustrator文件，如图3-67所示。

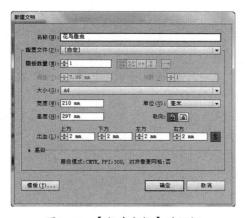

图3-67 【新建文档】对话框

2 使用【矩形】工具，在画布中创建一个矩形，大小同画布大小，并设定其填充色及描边属性，如图3-68所示。

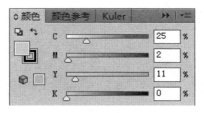

图3-68 填充颜色设置

3 使用【铅笔】工具，绘制不规则螺旋线，并调整描边颜色为白色，无填充。描边设置如图3-69所示。

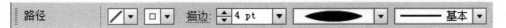

图3-69　描边设置

4 绘制完成效果如图3-70所示。

5 使用【钢笔】工具，在画布中适当的位置绘制路径，如图3-71所示，并在【颜色】调板中调整其填充色值为（C：15、M：7、Y：20、K：0），轮廓线属性设置为无色。

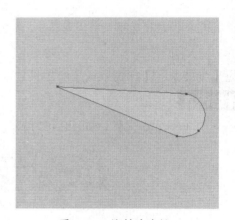

图3-70　绘制完成效果　　　　　　　　　图3-71　绘制的路径

6 选中绘制的路径，使用【旋转】工具，将刚绘制的图形进行旋转并复制，通过选择【对象】→【变换】→【再次变换】命令，进行多次复制，并将复制后的图形编组，效果如图3-72所示。

图3-72　旋转并复制效果

7 将编组后的图形进行多次复制，并整理摆放位置，如图3-73所示。

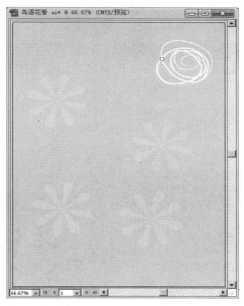

图3-73 复制后效果

8 使用【螺旋线】工具，在画布中适当的位置绘制螺旋线，调整描边颜色及描边样式，如图3-74和图3-75所示。

9 将绘制好的螺旋线进行复制，将螺旋线移动到合适的位置，并通过【比例缩放】工具调整螺旋线，如图3-76所示。

图3-74 螺旋线绘制

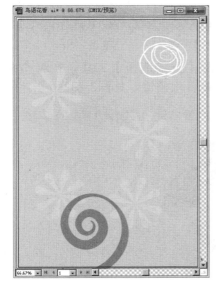

图3-75 螺旋线绘制

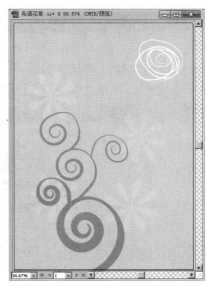

图3-76 复制后效果

10 选中背景中的其中一个花瓣编组进行复制，在【颜色】调板中修改其填充色值为（C：84、M：35、Y：88、K：0），轮廓线属性设置为无色。将复制后的图形调整为合适的大小后，移动至合适的位置。

11 按照上述方法绘制出如图3-77所示的效果。

12 使用【钢笔】工具及【直接选择】工具，在画布中绘制如图3-78所示的图形，并调整其填充色和轮廓描边属性，如图3-79所示。

图3-77　复制后效果

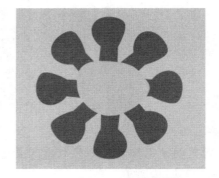

图3-78　绘制的图形

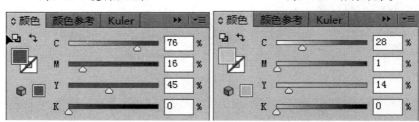

图3-79　【颜色】调板

13 参照前面的绘制方法，使用【钢笔】工具及【直接选择】工具，在画布中绘制如图3-80所示的图形，并在【颜色】调板中设置填充色值，如图3-81所示。轮廓线属性设置为无色。

图3-80　绘制的图形

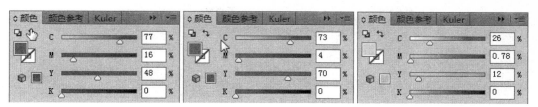

图3-81　【颜色】调板

14 参照前面的绘制方法，使用【钢笔】工具及【直接选择】工具，在画布中绘制如图3-82所示的图形，并在【颜色】调板中调整填充色值为（C：76、M：10、Y：47、K：0），轮廓线属性设置为无色。

15 继续参照前面的绘制方法，使用【钢笔】工具及【直接选择】工具，在画布中绘制如图3-83所示的图形，并在【颜色】调板中调整填充色及轮廓描边属性，如图3-84所示。

图3-82　绘制的图形

图3-83　绘制的图形

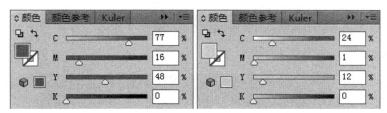

图3-84　【颜色】调板

16 单击【铅笔】工具，在画布中按住鼠标左键拖拽，绘制如图3-85所示的路径，并在【颜色】调板中调整描边颜色，如图3-86所示。

图3-85　用【铅笔】工具绘制的路径

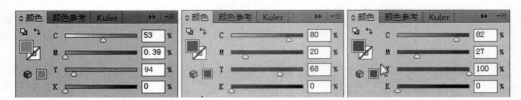

图3-86 【颜色】调板

17 将前面绘制的图形进行复制，并调整到合适的位置，完成的效果如图3-87所示。

图3-87 复制后的效果

18 通过【钢笔】、【铅笔】、【椭圆】、【螺旋线】工具，在画布中适当的位置绘制小鸟，在【颜色】调板中调整填充色值如图3-88所示，轮廓线属性设置为无色，完成后的效果如图3-89所示。

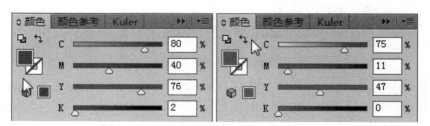

图 3-88 【颜色】调板

图3-89 调整后的椭圆图形

19 将绘制好的小鸟选中，单击【对象】→【编组】命令，完成小鸟的绘制。

20 选中编组后的小鸟，单击【镜像】工具，进行镜像复制。在【颜色】调板中调整复制出来的小鸟的主体颜色，如图3-90所示。

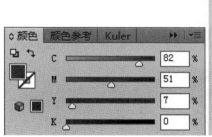

图3-90　调整颜色后的小鸟

21 将小鸟调整到如图3-91所示的位置。

22 使用【铅笔】工具，绘制如图3-92所示的路径，并调整路径的描边属性，如图3-93所示。

图3-91　调整位置后的效果　　　　图3-92　【铅笔】工具绘制的路径

图3-93　描边设置

23 使用【选择】工具，选中绘制的路径，复制并移动到适当的位置，完成装饰画"鸟语花香"的绘制。完成效果如图3-94所示。

图3-94　最终完成的效果

3.4 答疑与技巧

问 使用钢笔工具绘制了连续的曲线，但是其中一部分曲线的弧度未达到要求，这时应该怎么办？

答 可以通过在曲线上添加或删除锚点的方式来调整这部分曲线的弧度。其方法是使用工笔工具选中绘制的曲线，然后将鼠标指针移动到要调整的曲线上，当鼠标指针变为"+"或"−"的时候，单击鼠标左键添加和删除锚点即可。

问 在使用钢笔工具绘制图形时，由于前面的错误操作，出现了不闭合的路径，这时候如果想修复绘制的路径为闭合路径该怎么办？

答 可以使用【连接】命令来实现。方法是使用鼠标选择需要闭合的路径，执行菜单【对象】→【路径】→【连接】命令来连接多个路径以及组中的多个路径，或者闭合一个开放的路径，但是复合路径、封闭路径、文本对象、图标和实时上色组都属于无效的对象，不能执行【连接】命令。

问 在对路径进行修改时，如何能够快速地删除路径上过多的锚点？

答 删除路径上的锚点可以利用【删除锚点】工具来实现，如果路径上的锚点过多，也可以通过【简化】命令来快速删除路径上的锚点。方法是选择需要调整的路径，执行菜单【对象】→【路径】→【简化】命令，在弹出的简化命令对话框中，通过调整曲线精度和角度阈值参数，同时勾选【预览】选项，达到预计的效果后单击【确认】按钮，来完成曲线调整。

结束语

本章详细讲解了Illustrator CC【工具】箱中的钢笔工具组及【铅笔】工具，通过本章的学习，读者能够熟练地掌握这些基本工具的使用，并熟练运用这些基本工具绘制出精美的矢量图形。

Chapter 4

第4章
图形着色

本章要点

入门——基本概念与基本操作

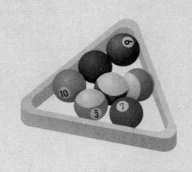

本章导读

　　在制作图形的时候，用户总是希望能通过缤纷的色彩来给人以美的享受。在Illustrator CC中，颜色填充就是最重要的一个途径，任何一个绘制完的图形，如果没有经过填充和修饰就是一个空架子。颜色本身可以激发人的情感，创建完美的颜色搭配，可以使图像显示更加美丽。

　　本章将重点讲解Illustrator CC中单色填充、渐变填充、图案填充、渐变网格填充和描边命令的使用。熟练掌握这些命令，用户能在以后的工作中更加得心应手。

4.1 入门——基本概念与基本操作

Illustrator CC提供了多种色彩编辑工具，读者可以根据图稿的要求对色彩进行编辑。本节就根据实例来讲解色彩与图形编辑的相关知识。

4.1.1 编辑颜色和相关调板

编辑图形的颜色通常是在相应的【颜色】、【渐变】等调板中来完成的。

1. 显示颜色调板

【颜色】调板是执行颜色调节和管理的调板。执行菜单中的【窗口】→【颜色】命令，可开启如图4-1所示的【颜色】调板。

图4-1 【颜色】调板

2. 调节颜色模式

单击【颜色】调板右上角的按钮，弹出下拉菜单，如图4-2所示。拖动鼠标，当鼠标指针指向需要的色彩模式时，释放鼠标键即可选中该色彩模式。色彩模式主要包括灰度、RGB、HSB、CMYK、Web安全RGB、反相、补色等。

图4-2 【颜色】调板中的调节颜色模式下拉菜单

3. 颜色调板的操作

功能区域识别。如图4-3所示为CMYK模式下的颜色调板。

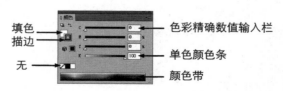

图4-3 【颜色】调板功能

在Illustrator CC中，绘制大部分对象的上色区域分为两个部分，一个是内部填色部分，另一个是外围描边部分，如图4-4所示。

图4-4　对象上色区域划分

内部填充上色的方法说明如下。

单击工具箱中的选择工具，选中要上色的对象，单击【颜色】调板中的【填色】图标，拖动单色调节滑块。被选中对象的颜色会根据颜色调板中颜色的改变而改变。也可以在后面的输入栏中直接输入精确的色彩数值来实现对象的上色，如图4-5所示。

填色 ➡
输入栏 ➡

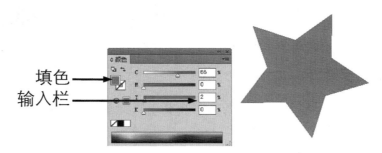

图4-5　内部填充上色

外围描边上色的方法说明如下。

单击工具箱中的选择工具，选中要上色的对象，单击【颜色】调板中的【描边】图标，设置的方法与填充上色的方法相同。

> **提示**　使用颜色带可随意设置颜色。移动鼠标指针到色带上，鼠标指针呈吸管状态时单击鼠标，系统即会根据单击的位置自动设置好一个颜色。

4．色板调板

色板中的颜色是提前设置好的，当选择好对象的上色区域后（填充色或者描边色），直接单击色板上的颜色，系统即会按照选择的颜色为对象上色。

首先开启色板。

执行菜单中的【窗口】→【色板】命令，弹出【色板】调板，如图4-6所示。色板中包括颜色色板、渐变色板、图案色板。

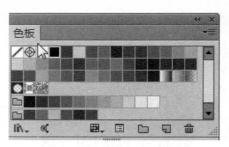

图4-6 【色板】调板

接下来使用色板进行上色。

单击工具箱中的【矩形】工具，绘制一个矩形。使用【选择】工具选中矩形，单击【颜色】调板中的填色图标，在【色板】调板中单击鼠标选择一种颜色样式，如图4-7所示，对象上色完成。

图像效果如图4-8所示。

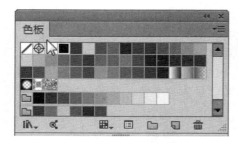

图4-7 在【色板】调板中选择颜色样式

图4-8 "径向渐变1"效果图

4.1.2 单色填充

单色填充是指使用一种色彩对选定的对象进行上色。单色填充分为两个部分，一部分是填充颜色，另一部分是描边颜色。

工具箱中的填色、描边工具和【颜色】调板中的填色、表面按钮的功能是相同的，对它们的操作方法也是相同的。系统默认情况下的【填色】图标在【描边】图标之上，如图4-9所示，在此状态下完成的操作是填充上色。

移动鼠标指针到【描边】图标上，单击鼠标，描边图标即会移动到填充图标上，如图4-10所示，在此状态下完成的操作是描边上色。

图4-9 填充上色

图4-10 描边上色

双击【填色】或【描边】图标，弹出【拾色器】调板，如图4-11所示。在该调板中可以进行颜色的各种设置。可以在左边的选择框中直接点选需要的颜色，也可以在右边各自的颜色属性栏中设置色彩值，完成后单击【确定】按钮即可完成颜色的设置。描边的颜色也可以用同样的方法进行设置。

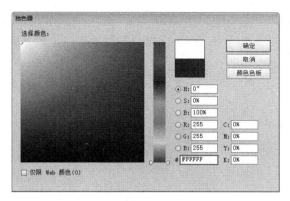

图4-11　【拾色器】调板

4.1.3　渐变填充

渐变是由不同百分比的基本色间的渐变混合所衍生出来的颜色，可以是黑白灰颜色渐变，也可以是从一种颜色到其他颜色的多色渐变。

1.　渐变调板

执行菜单中的【窗口】→【渐变】命令，弹出【渐变】调板，如图4-12所示。

在调板中单击【渐变填色】，可启动渐变调色板，如图4-13所示。

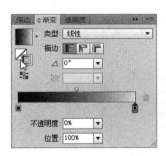

图4-12　【渐变】调板

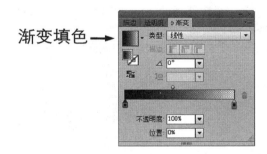

图4-13　启动渐变调色板

渐变填充分为两种类型：一种是线性渐变，即按照一定的直线方向作渐变填充，如图4-14所示。另一种是径向渐变，是以一点为圆心向四周作径向渐变填充，如图4-15所示。

单击【渐变】调板中"类型"右侧的下拉按钮，即可设置渐变类型，如图4-16所示。

图4-14　线性渐变

图4-15　径向渐变

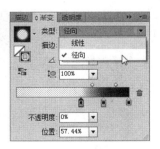

图4-16　设置渐变类型

2. 双色渐变的设置

渐变色的设置主要在【渐变】调板下方的颜色滚动条里完成。其具体操作方法说明如下。

1 单击颜色滚动条里的渐变滑块，渐变滑块上方的三角形变成黑色填充，如图4-17所示。

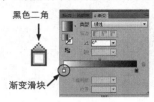

图4-17 颜色滚动条

2 编辑【颜色】调板中的颜色，【渐变】调板中的颜色也随之发生变化，如图4-18所示。

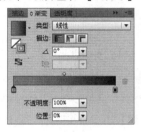 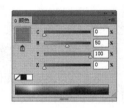

图4-18 【渐变】调板和【颜色】调板

3 用同样的方法单击滚动条里的另一个渐变滑块，设置好颜色，如图4-19所示。简单的渐变颜色设置即可完成。

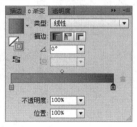 

图4-19 【渐变】调板和【颜色】调板

3. 多色渐变的设置

1 开启【渐变】调板，在其颜色滚动条的下方单击鼠标。此时，在颜色滚动条的下方会增加一个渐变滑块，如图4-20所示。

2 设置刚增加的渐变滑块的颜色，或者根据增加滑块，从而完成多色渐变的设置，如图4-21所示。图像填充后的效果如图4-22所示。

图4-20 添加渐变滑块　　　图4-21 调整渐变滑块　　　图4-22 图像填充后的效果

4. 颜色角度及位置设置

系统默认的渐变色的填充是0角度上的标准渐变，在【渐变】调板中，用户可以对填充颜色的角度及渐变位置进行设置。其具体操作说明如下。

1 执行菜单中的【窗口】→【渐变】命令，弹出【渐变】调板，设置角度为"0"。然后单击工具箱中的【矩形】工具，在画布中绘制一个矩形，图像的填充效果如图4-23所示。

2 在保持对象被选中的情况下，单击颜色滚动条上方的菱形渐变滑块，然后更改渐变调板中的角度为"150"度，位置为"70%"，如图4-24所示。图像填充效果如图4-25所示。

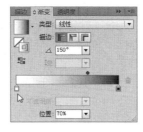

图4-23　角度为"0"时渐变填充效果　图4-24　【渐变】调板　图4-25　调整渐变角度后的效果图

5. 渐变填充工具

【渐变】填充工具主要用来建立渐变填充。具体操作如下：在【颜色】调板中设置好需要的渐变颜色，单击工具箱中的【矩形】工具，绘制一个矩形，在保持对象被选中的情况下，单击工具箱中的【渐变】工具，移动鼠标指针到对象上，按住鼠标左键并拖动，如图4-26所示。在保持对象被选中的情况下，可以进行多次移动，直到满意为止。

6. 颜色的混合模式

Illustrator CC提供了16种颜色混合运算模式。这些模式主要是在【透明度】调板中设置完成的。单击【透明度】调板中左侧选框的下拉按钮，出现颜色混合模式菜单，如图4-27所示。在该菜单中可以进行色彩混合模式的设置。

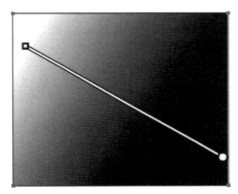

图4-26　【渐变】工具填充效果　　　　图4-27　颜色混合模式菜单

该菜单中各模式的含义说明如下。

正常：此模式下的对象只以不透明度值决定与下层对象之间的混合关系，是最常用的混合模式。

变暗：这种混合模式最终会得到暗色调的图像效果。

正片叠底：将上层图像的颜色值和下层图像的颜色值相乘，再除以数值255就是最终图像的颜色值。这种混合模式会形成一种较暗的效果。将任何颜色和黑色相乘，都会产生黑色。

颜色加深：增加图像各通道颜色的对比度，使图像变暗。

变亮：选择基色或混合色中较亮的一个作为结果色（混合色是选择对象、组或图层的原始色彩；基色是图稿的底层颜色；结果色是混合后得到的颜色）。

滤色：通常会呈现一种图像被漂白的效果。

颜色减淡：使图像变亮，其功能类似于Photoshop中减淡工具的功能。

叠加：根据底层的颜色，使当前层（即上面的图层）产生变亮或变暗的效果。

柔光：产生一种柔和光照的效果。

强光：产生一种强烈光照的效果。

差值：形成的效果取决于当前层和底层像素值的大小。

排除：其效果比差值合成模式产生的效果要柔和一些。

色相：将当前层的色相与它下面层中的亮度、饱和度混合而成的特殊效果。

饱和度：将当前的饱和度和色相值与它下面层中的色相亮度混合而成特殊效果。

混色：将当前层的饱和度和色相值与它下面层中的亮度混合而成特殊效果。与色相合成模式产生的效果基本相似。

明度：可以消除纹理背景的干扰。

4.1.4 【透明度】调板

不透明度是对象颜色的显示属性。不透明度越高，对象的颜色显示越清楚，饱和度高，颜色对比强烈。反之，对象的颜色显示越模糊，饱和度低，颜色间的对比不强烈。如图4-28所示为不透明度为"100%"时的效果，如图4-29所示为不透明度为"50%"时的效果。

图4-28　不透明度100%的效果　　　　　图4-29　不透明度50%的效果

调整不透明度的具体操作如下。

选中要设置不透明度的对象，在【透明度】调板中更改不透明度值即可，如图4-30所示。

图4-30　【透明度】调板

4.2 进阶——典型实例

4.1节已经学习了颜色填充的相关知识，接下来将通过具体的实例来巩固本章的知识点。

4.2.1　卡通轮船

下面就通过为卡通轮船填色来掌握单色填充。

【最终效果】

本例的最终效果如图4-31所示。

【解题思路】

1 使用【打开】命令将需要填色的文件打开。

2 使用【单色】填充为轮船填充颜色。

【操作步骤】

1 选择【文件】→【打开】命令，打开"04\卡通轮船.ai"文件，如图4-32所示。

2 单击【选择】工具，单击选择要填充的海浪的轮廓，如图4-33所示。

图4-31　最终效果

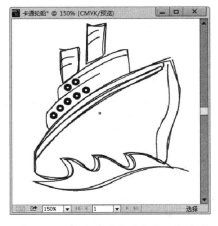

图4-32　打开的"卡通轮船.ai"文件

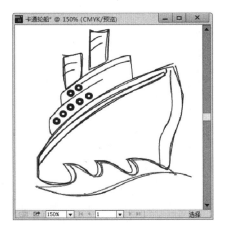

图4-33　选中的海浪轮廓

3 此时工具箱中的【颜色和描边】显示为填充为无色，描边为黑色，鼠标单击【互换颜色和描边】，将填充设为黑色，描边为无色，效果如图4-34所示。

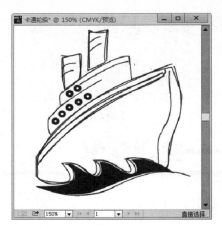

图4-34　单击【互换颜色和描边】后的效果

4 单击【选择】工具，选中互换颜色后的海浪。

5 单击【颜色】调板右上角的下拉按钮，在弹出的下拉菜单中选择当前取色时使用的色彩模式为CMYK，如图4-35所示。

图4-35　选择色彩模式为CMYK

6 拖拉颜色滑块，将当前所选对象的颜色设置为蓝色，如图4-36所示。

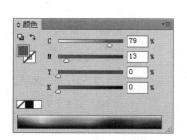

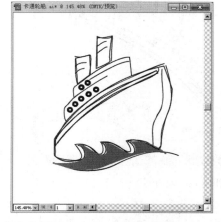

图4-36　【颜色】调板

7 通过【选择】工具，单击选择画布中两个烟囱的轮廓，通过【颜色】调板将其设置为浅蓝色，效果如图4-37所示。

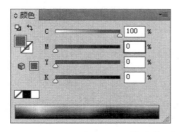

图4-37　将选择的多个对象设置为浅蓝色

8 通过【选择】工具，单击选择对象，描边为黑色，单击【互换颜色和描边】，将填充设为黑色，描边为无色，效果如图4-38所示。

图4-38　单击【互换颜色和描边】后的效果

9 单击【选择】工具，选择对象，并在【颜色】调板中设置对象的填充属性，如图4-39所示。

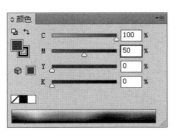

图4-39　通过【颜色】调板填充对象

10 单击【选择】工具，选择对象，并在【颜色】调板中设置对象的填充属性，如图4-40所示。

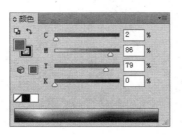

图4-40　通过【颜色】调板填充对象

11 最终完成填充后的效果如图4-41所示。

图4-41　完成填充后的效果

4.2.2　渐变填充——卡通台灯

下面就通过为卡通台灯填色来掌握渐变色填充。

最终效果

本例的最终效果如图4-42所示。

解题思路

1 使用【打开】命令将需要填色的文件打开。

2 使用【渐变】填充为卡通台灯填充颜色。

操作步骤

1 选择【文件】→【打开】命令，打开"卡通台灯.ai"文件，如图4-43所示。

图4-42　最终效果

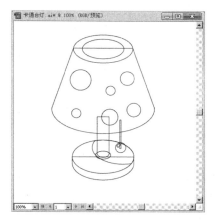

图4-43　打开的"卡通台灯.ai"文件

2 单击【选择】工具，选择要填充渐变的灯罩图形。

3 选择【窗口】→【渐变】命令，显示【渐变】调板，如图4-44所示。

4 单击【渐变】工具，为选中的图形添加渐变填充，如图4-45所示。系统默认状态下，添加的是线性黑白渐变。

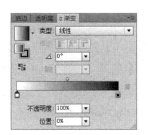

图4-44　【渐变】调板

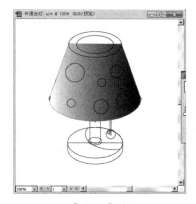

图4-45　【渐变】填色后效果

5 将鼠标指向白色的渐变滑块双击，此时弹出【颜色】调板，在其中设置该滑块的颜色，如图4-46所示。

6 将鼠标指向黑色的渐变滑块双击，此时弹出【颜色】调板，在其中设置该滑块的颜色，如图4-47所示。

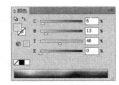

图4-46　设置渐变滑块的颜色

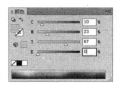

图4-47　设置渐变滑块的颜色

7 鼠标单击渐变滑块下方的空白处，添加一个颜色滑块，双击调整该滑块的颜色，并将该
滑块移动到如图4-48所示的位置。

图4-48　设置渐变滑块的颜色

8 调整渐变色后的效果如图4-49所示。

9 单击【选择】工具，选择要填充渐变的灯罩图形，单击【工具箱】中的【吸管】工具，
用鼠标左键单击刚填充渐变的灯罩图形。完成后的效果如图4-50所示。

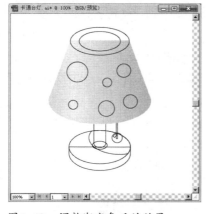
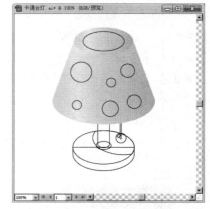

图4-49　调整渐变色后的效果　　　　图4-50　使用【吸管】工具选取颜色并填充后的效果图

10 单击【选择】工具，选择要填充渐变的灯罩图形，在【渐变】调板中进行如图4-51所示
的渐变色调整。完成效果如图4-52所示。

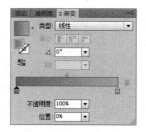
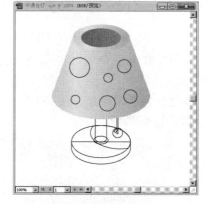

图4-51　设置渐变滑块的颜色　　　　图4-52　填充渐变后的效果图

11 使用【选择】工具，选中灯罩上大小不一的椭圆，通过【颜色】和【渐变】调板设置图

形的填充属性，如图4-53所示。

12 完成灯罩填充后的效果如图4-54所示。

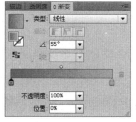

图4-53 设置渐变滑块的颜色　　　　图4-54 完成填充渐变后的灯罩效果图

13 使用【选择】工具，选中灯柱图形，并通过【颜色】和【渐变】调板设置图形的填充属性，如图4-55所示。

14 重复上面的操作完成台灯底座的颜色填充，完成后的台灯效果如图4-56所示。

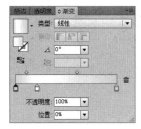

图4-55 设置渐变滑块的颜色　　　　图4-56 台灯效果图

4.3 提高——自己动手练

　　下面再通过台球和咖啡杯两个实例的制作继续巩固前面所学的知识，请读者根据操作提示自己动手练习。

4.3.1 台球

　　接下来我们就通过绘制台球来全面掌握图形的着色。

最终效果

　　本例的最终效果如图4-57所示。

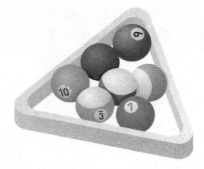

1 使用【钢笔】工具绘制台球框的形状。

2 结合【颜色】、【渐变】调板为台球框填充颜色。

3 使用【椭圆】工具绘制台球。

4 使用【颜色】调板为台球填充颜色完成绘制。

■ **操作提示** ■

1 新建一个Illustrator文件。

2 在弹出的【新建文档】对话框中设置新建文档配置文件
的大小为A4，单位为毫米，出血均为2mm，如图4-58所示。

图4-57　最终效果

图4-58　【新建文档】对话框

3 单击【钢笔】工具，在画布中合适的位置绘制图形，通过【渐变】和【颜色】调板设置
图形的填充属性，如图4-59所示。

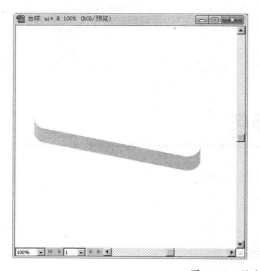

图4-59　绘制图形并设置填充属性

4 单击【钢笔】工具，在画布中合适的位置绘制图形，通过【渐变】和【颜色】调板设置

图形的填充属性，如图4-60所示。

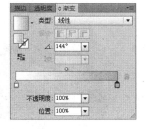

图4-60 绘制图形并设置填充属性

5 单击【钢笔】工具，在画布中合适的位置绘制图形，通过【渐变】和【颜色】调板设置图形的填充属性，如图4-61所示。

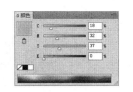

图4-61 绘制图形并设置填充属性

6 单击【椭圆】工具，在画布中适当的位置绘制一个椭圆，通过【渐变】和【颜色】调板设置图形的填充属性，如图4-62所示。

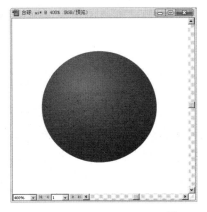

图4-62 绘制图形并设置填充属性

7 单击【椭圆】工具，在画布中适当的位置绘制一个椭圆，调整其位置及大小如图4-63
所示。

8 单击【文字】工具，在画布中适当的位置输入文字，通过【倾斜】工具将文字进行适当
的变形，效果如图4-64所示。

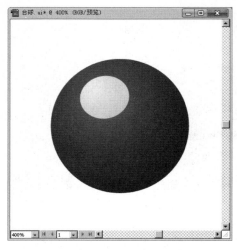

图4-63 绘制的图形

图4-64 输入文字后的效果

9 使用同样的方法可以绘制更过的台球图形，最终完成如图4-65所示的效果。

图4-65 台球效果图

4.3.2 咖啡杯

接下来我们就通过咖啡杯的绘制来全面掌握图形的着色。

| 最终效果 |

本例的最终效果如图4-66所示。

解题思路

I　使用【钢笔】工具绘制咖啡杯的外形。

2　使用【颜色】、【渐变】调板为对象填充颜色。

操作提示

I　新建一个Illustrator文件。

2　在弹出的【新建文档】对话框中设置新建文档配置文件
的大小为A4，单位为毫米，出血均为2mm，如图4-67所
示。

图4-66　最终效果

图4-67　【新建文档】对话框

3　单击【椭圆】工具，在画布中适当的位置绘制图形，通过【颜色】和【渐变】调板设置
图形的填充属性，如图4-68所示。

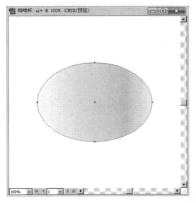
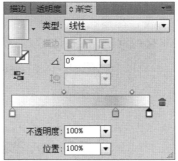

图4-68　【渐变】调板

4　单击【椭圆】工具，在画布中合适的位置绘制图形，通过排列对象的顺序达到如图4-69
所示的效果。

5　通过【椭圆】工具和【钢笔】工具，在画布中合适的位置绘制图形，通过【颜色】和
【渐变】调板设置图形的填充属性，如图4-70所示。

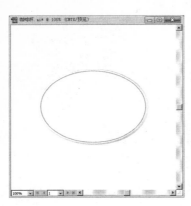  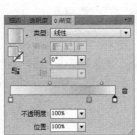

图4-69　绘制的图形　　　　　　　　图4-70　绘制图形并调整颜色填充

6 单击【钢笔】工具，在页面中合适的位置绘制图形，通过【颜色】调板设置图形的填充属性，如图4-71所示。

图4-71　绘制图形并调整颜色填充

7 单击【钢笔】工具，在画布中合适的位置绘制图形，通过【颜色】调板设置图形的填充属性，完成咖啡杯的绘制，如图4-72所示。

图4-72　咖啡杯效果图

4.4 答疑与技巧

问 在使用【渐变】工具进行渐变填充时，如何调整渐变颜色的方向？

答 改变渐变色方向的方法有两种：通常都使用鼠标直接在图形中拖动，这样可以快速地以任意角度更改渐变色的方向。如果需要精确地设置渐变的方向，可以在【角度】参数栏中输入具体的数值，按【Enter】键确认。

问 在进行对象颜色填充时，如果希望画面中的对象颜色都与选中对象的颜色相同，有什么更便捷的操作吗？

答 在进行对象填充时，按住【Alt】键，使用【吸管】工具，可将选中对象的渐变效果添加到其他未被选中的对象中。

问 在进行对象填色的过程中，有许多常用的颜色不是【色板】调板中的默认颜色，有什么办法可以将常用的颜色设定在【色板】调板中吗？

答 单击【色板】调板右上角的三角形按钮，从弹出的下拉菜单中选择【新建色板】命令，弹出【新建色板】对话框，根据需要将设置好的常用颜色添加到【色板】调板中即可。

结束语

　　本章详细讲解了Illustrator CC的图形着色功能，其中包括【颜色】、【渐变】、【透明度】调板的应用。单色填充、渐变填充及一些经典案例的操作，通过本章的学习，读者能够熟练地掌握Illustrator CC的图形着色功能，并熟练运用Illustrator CC绘制出精美的图形。

Chapter **5**

第5章
路径查找器

本章要点

入门——基本概念与基本操作　　**提高——自己动手练**

进阶——典型实例　　　　　　　 热气球

　　 扑克中的符号——梅花　　　 窗台和盆花

　　 胶卷

本章导读

　　在Illustrator CC中，【路径查找器】调板是最常用的调板之一。它包含了一组非常强大的路径编辑命令，通过这些命令可以将一些简单的路径变为复杂的路径，可以使用户更加轻松地编辑路径。

　　本章通过对实例的详细讲解，使用户熟练掌握【路径查找器】调板中各个按钮在实际工作中的应用。

5.1 入门——基本概念与基本操作

在Illustrator CC中，【路径查找器】调板由【形状模式】和【路径查找器】两部分构成，如图5-1所示。

图5-1　【路径查找器】调板

【路径查找器】的使用方法说明如下。

1　单击【矩形】工具，在画布中合适的位置拖拽鼠标绘制一个矩形，通过【颜色】调板设计对象的填充属性为红色；单击【星形】工具，按住【Shift+Alt】组合键，绘制一个正立的五角星，通过【颜色】调板设计对象的填充色为黄色，并通过【选择】工具将其移动到如图5-2所示的位置。

2　选择菜单【窗口】→【路径查找器】命令，显示【路径查找器】调板。单击【选择】工具，拖拽鼠标的同时选中绘制的图形，单击【路径查找器】调板中的【联集】按钮，此时生成的新对象如图5-3所示。

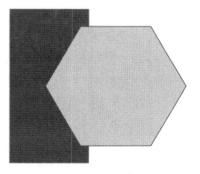

图5-2　移动位置后的效果

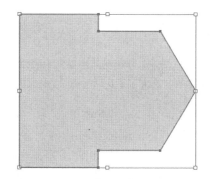

图5-3　执行【联集】后的效果

提示　执行【联集】命令后，新生成的对象的填充色和轮廓色为合并之前最上方对象的填充色和轮廓色。

3　使用基本绘图工具再绘制如图5-2所示的图形，按住【Alt】键不放，拖拽鼠标复制多个图形。

4　单击【选择】工具，拖拽鼠标选择对象，单击【路径查找器】调板中的【减去顶层】按钮，此时生成新的对象，效果如图5-4所示。

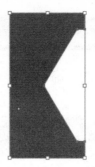

图5-4 执行【减去顶层】后的效果

 提示 执行【减去顶层】命令，即在最下层对象的基础上，将被最上层对象挡住的部分和上层的所有对象同时删除，最后显示最下层对象的剩余部分，并且组成一个闭合路径。

5 单击【选择】工具，拖拽鼠标选择对象，单击【路径查找器】调板中的【交集】按钮，此时生成新的对象，效果如图5-5所示。

6 单击【选择】工具，拖拽鼠标选择对象，单击【路径查找器】调板中的【差集】按钮，此时生成新的对象，效果如图5-6所示。此命令可以将对象之间重叠的部分删除。

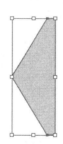

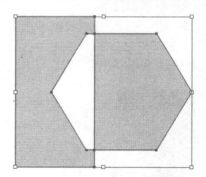

图5-5 执行【交集】后的效果　　　　　　图5-6 执行【差集】后的效果

7 单击【选择】工具，拖拽鼠标选择对象，单击【路径查找器】调板中的【分割】按钮，此时生成新的对象，效果如图5-7所示。此命令可以分离相互重叠的图形，使其成为多个独立的部分，执行此命令后对象是一个群组状态，选择菜单【对象】→【取消群组】命令，通过移动工具可将每个独立的对象单独移开，效果如图5-8所示。

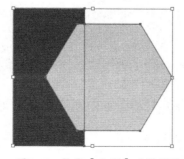

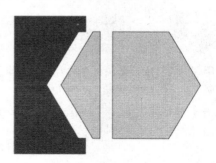

图5-7 执行【分割】后的效果　　　　　　图5-8 取消群组移动位置后的效果

8 单击【选择】工具，拖拽鼠标选择对象，单击【路径查找器】调板中的【修边】按钮，此时生成新的对象，效果如图5-9所示。此命令可以将相互重叠部分的边界进行分裂，从而生成多个独立的对象，但应用此命令后，对象的轮廓色将变为无。执行此命令后所生成的对象是一个群组状态，可通过【取消群组】命令进行解组并对其稍作移动，效果如图5-10所示。

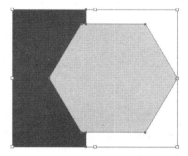

图5-9　执行【修边】命令后的效果

图5-10　取消编组移动后的效果

9 单击【选择】工具，拖拽鼠标选择对象，单击【路径查找器】调板中的【合并】按钮，此时生成新的对象，效果如图5-11所示。如果被选择对象的填充属性和轮廓属性一致，则执行此命令后，所有的对象会组合为一个整体，但轮廓线将为无。如果对象属性不同，则执行此命令后相当于修边的功能，效果如图5-12所示。

图5-11　属性相同的合并效果

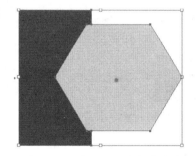

图5-12　属性不同的合并效果

10 单击【选择】工具，拖拽鼠标选择对象，单击【路径查找器】调板中的【裁剪】按钮，此时生成新的对象，效果如图5-13所示。执行此命令后，只保留重叠对象相交的部分，轮廓线颜色将设置为无色，而且对象的填充属性也与最下层对象的填充属性一致。

11 单击【选择】工具，拖拽鼠标选择对象，单击【路径查找器】调板中的【轮廓】按钮，此时生成新的对象，效果如图5-14所示。执行此命令后，原对象的轮廓线颜色将取消，原对象的填充色被转换为轮廓线的颜色。

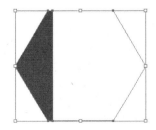

图5-13　执行【裁剪】命令后的效果

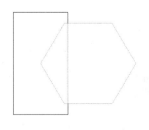

图5-14　执行【轮廓】命令后的效果

12 单击【选择】工具，拖拽鼠标选择对象，单击【路径查找器】调板中的【减去后方对象】按钮，此时生成新的对象，效果如图5-15所示。此命令可使位于最下层的对象减去位于该对象之上的所有对象，保留原对象的填充和轮廓属性。

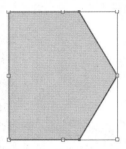

图5-15　执行【减去后方对象】命令后的效果

5.2　进阶——典型实例

5.1节具体介绍路径查找器的基本操作，使读者对图形的基本编辑有了一定的了解，下面我们通过一些典型实例巩固所学知识。

5.2.1　扑克中的符号——梅花

本例主要讲解扑克牌中梅花的绘制。通过本例绘制过程使读者提高【路径查找器】的综合应用能力。

最终效果

本例的最终效果如图5-16所示。

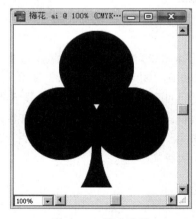

图5-16　最终效果

解题思路

1 使用【椭圆】工具及【矩形】工具绘制基本图形。

2 使用【路径查找器】进行图形组合。

▌ 操作步骤 ▐

1　首先新建一个Illustrator文件。

2　在弹出的【新建文档】对话框中设置新建文档配置文件的大小为200mm×200mm，单位为毫米，出血均为2mm，如图5-17所示。

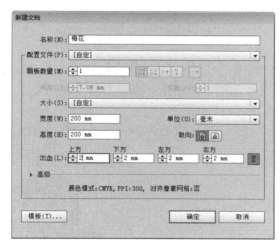

图5-17　【新建文档】对话框

3　单击【椭圆】工具，在画布中合适的位置绘制如图5-18所示的椭圆，通过【颜色】调板设置对象的填充属性为黑色。

4　单击【选择】工具，同时选择所有图形，单击【路径查找器】调板中的【联集】按钮，效果如图5-19所示。

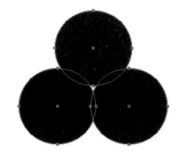

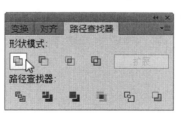

图5-18　绘制的椭圆　　　　　　　　　图5-19　执行【联集】后的效果

5　单击【矩形】工具，在画布中合适的位置绘制一个矩形，设置对象的填充颜色为黑色。

6　单击【椭圆】工具，在画布中合适的位置绘制椭圆，并设置椭圆的旋转角度，如图5-20所示。

7　使用【选择】工具，单击选中椭圆；单击【镜像】工具，按住【Alt】键不放，单击定位镜像中心点，在弹出的【镜像】对话框中进行如图5-21所示的参数设置，设置完成后单击【复制】按钮。镜像复制后的效果如图5-22所示。

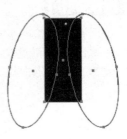

图5-20　调整好位置的矩形和椭圆　　　图5-21　【镜像】对话框　　　图5-22　镜像复制后的效果

9 单击【选择】工具，选择图形，单击【路径查找器】调板中的【减去顶层】按钮，执行后的效果如图5-23所示。

10 单击【选择】工具，将图形移动到如图5-24所示的位置，完成绘制。

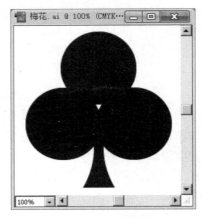

图5-23　执行【减去顶层】命令后的效果　　　　图5-24　移动图形完成绘制

5.2.2　胶卷

本例通过讲解胶卷的绘制过程，使读者提高【路径查找器】的综合应用能力。

最终效果

本例的最终效果如图5-25所示。

图5-25　最终效果

解题思路

1. 使用【钢笔】工具绘制图形。
2. 使用【减去顶层】、【联集】命令完成图形绘制。

操作步骤

1. 新建一个Illustrator文件。
2. 在弹出的【新建文档】对话框中设置新建文档配置文件的大小为A4，单位为毫米，出血均为2mm，如图5-26所示。

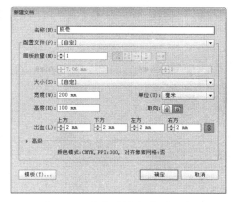

图5-26　【新建文档】对话框

3. 单击【椭圆】工具，在画布中适当位置绘制椭圆，并通过【渐变】调板设置对象的填充属性为白色黑色的线性渐变，如图5-27所示。设置后的椭圆效果如图5-28所示。

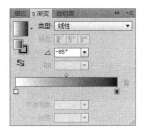 

图5-27　【渐变】调板　　　　　　　　图5-28　填充渐变后的效果

4. 单击【椭圆】工具，在画布中合适的位置绘制出一个椭圆，通过【转换锚点】工具将焦点转换为平滑点，通过【渐变】调板设置对象的填充属性为白色黑色的线性渐变，如图5-29所示。设置后的效果如图5-30所示。

图5-29　【渐变】调板　　　　　　　　图5-30　修改属性后的椭圆

5 单击【椭圆】工具，在页面中适当的位置绘制两个椭圆，效果如图5-31所示。

图5-31　绘制的椭圆

6 选择【窗口】→【路径查找器】命令，显示【路径查找器】调板。

7 单击【选择】工具，拖拽鼠标选择图形，单击【路径查找器】调板中的【减去顶层】按钮，如图5-32所示。执行命令后的效果如图5-33所示。

图5-32　【路径查找器】调板

图5-33　执行【减去顶层】命令后的效果

8 单击【路径查找器】调板中的【扩展】按钮，通过颜色调板设置对象的填充属性，设置后的效果如图5-34所示。

9 单击【选择】工具，选择对象，并将其移动到如图5-35所示的位置。

图5-34　执行【扩展】命令后的效果

图5-35　移动位置后的效果

10 单击【椭圆】工具，在如图5-36所示的位置绘制一个椭圆。

11 通过【椭圆】工具和【转换锚点】工具绘制如图5-37所示的图形。

图5-36　绘制椭圆

图5-37　绘制的图形

12 重复步骤5~步骤8的方法，再绘制如图5-38所示的图形，并移动到合适的位置。

13 通过【钢笔】工具和【直接选择】工具，在画布中适当的位置绘制如图5-39所示的图形，通过【渐变】调板设置对象的填充属性，设置后的效果如图5-40所示。

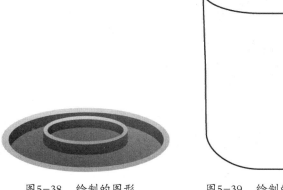

图5-38 绘制的图形　　　图5-39 绘制的图形　　　图5-40 设置渐变后的效果

14 单击【选择】工具，选择对象，选择【编辑】→【复制】命令，再选择【编辑】→【贴到前面】命令，通过【渐变】和【颜色】调板设置对象的填充属性，如图5-41所示。通过范围框更改对象大小，效果如图5-42所示。

15 重复步骤14的操作，完成的效果如图5-43所示。

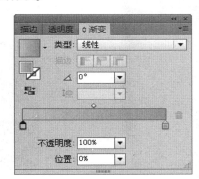

图5-41 【渐变】和【颜色】调板

图5-42 更改大小后的效果　　　图5-43 调整后的效果

16 单击【矩形】工具和【椭圆】工具，分别在画布中合适的位置绘制一个矩形和一个椭圆形，并通过【变换】调板设置对象的大小，效果如图5-44所示。

17 单击【选择】工具，拖拽鼠标同时选择椭圆和矩形，单击【路径查找器】调板中的【减去顶层】按钮，执行命令后的效果如图5-45所示。

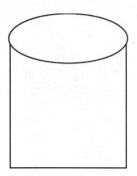

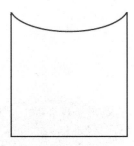

图5-44　绘制好的图形　　　　　　图5-45　执行【减去顶层】命令后的效果

18 通过【颜色】调板设置对象的填充属性为黑色，并将其移动到如图5-46所示的位置。

19 使用【矩形】工具和【圆角矩形】工具，在画布中合适的位置绘制如图5-47所示的图形。注意，图形的高度必须一致。

图5-46　设置填充属性并移动后的效果　　　　　图5-47　绘制矩形和圆角矩形

20 单击【选择】工具，将绘制好的图形移动到合适的位置，单击【路径查找器】调板中的【联集】按钮，效果如图5-48所示。

21 单击【选择】工具，选择图形，通过【渐变】调板设置对象的填充属性为棕色至黄色的渐变，设置效果如图5-49所示。

图5-48　执行【联集】命令后的效果　　　　　图5-49　设置渐变属性后的效果

22 单击【钢笔】工具，在画布中合适的位置绘制如图5-50所示的图形。

23 单击【选择】工具，同时选择对象，单击【路径查找器】调板中的【减去顶层】按钮，效果如图5-51所示。

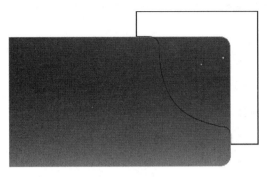

图5-50　绘制的图形　　　　　　　　　　图5-51　执行【减去顶层】后的效果

24 单击【圆角矩形】工具，在画布中合适的位置绘制圆角矩形，按住【Alt】键并拖拽鼠标，进行复制，通过【对象】→【变换】→【再次变换】命令进行多次复制，效果如图5-52所示。

25 单击【选择】工具，同时选择图形，单击【路径查找器】调板中的【差集】按钮，效果如图5-53所示。

图5-52　复制圆角矩形后的效果　　　　　　图5-53　执行【差集】后的效果

26 单击【选择】工具，将图形移动到如图5-54所示的位置。

27 通过【对象】→【编组】命令，更改对象的顺序，完成后的效果如图5-55所示。

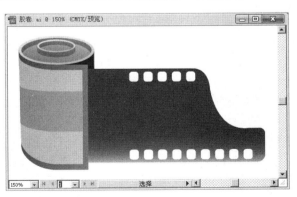

图5-54　调整适当的位置　　　　　　　　图5-55　更改顺序后的效果

28 选择菜单【文件】→【存储】命令，将文件保存为"胶卷.ai"。

5.3 提高——自己动手练

下面再通过两个实例的制作继续巩固前面所学的知识，请读者根据操作提示自己动手练习。

5.3.1 热气球

本例主要将通过热气球的绘制，使读者提高掌握【路径查找器】的综合应用能力。

最终效果

本例的最终效果如图5-56所示。

解题思路

1 使用【钢笔】工具绘制热气球的外形。

2 结合【路径查找器】中的相应命令完成热气球的绘制。

3 使用【渐变】调板为对象填充颜色。

操作提示

1 新建一个Illustrator文件。在弹出的【新建文档】对话框中设置新建文档配置文件的大小及单位等参数。

图5-56 最终效果

2 使用【钢笔】工具及【椭圆】工具分别绘制如图5-57所示的图形。

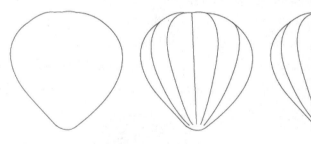

图5-57 绘制的图形

3 使用【路径查找器】调板中的【分割】命令，配合【取消群组】命令，完成如图5-58所示的图形。

4 通过【颜色】调板设置对象的填充色值为（C：88、M：0、Y：0、K：0）；再通过【复制】、【贴到前面】命令，进行复制。然后通过【渐变】调板设置对象的填充属性，如图5-59所示，通过工具选项属性栏设定对象的不透明度，效果如图5-60所示。

5 使用【钢笔】工具，在画布中依次绘制图形，并通过【颜色】调板设置对象的填充属性，效果如图5-61所示。

 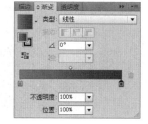

图5-58　使用【路径查找器】后的效果　　　　图5-59　调整对象的填充属性

图5-60　设置不透明度后的效果　　　　图5-61　设置填充属性后的效果

6 单击【椭圆】工具，在画布中绘制椭圆，通过【颜色】调板设置对象的填充属性为灰色，将椭圆进行复制，为复制的图形设置灰白渐变的填充，并调整对象填充的不透明度。调整后的效果如图5-62所示。

7 使用【钢笔】工具，在如图5-63所示的位置依次绘制图形。

图5-62　复制对象并设置不透明度的效果　　　　图5-63　绘制图形

8 单击【矩形】工具按钮，在画布中绘制矩形，通过【渐变】调板设置对象的填充属性；单击【椭圆】工具，在矩形的上方和下方均绘制一个椭圆，并通过【渐变】调板设置对象的填充属性；结合使用【路径查找器】中的【联集】按钮完成如图5-64所示的图形绘制。

9 使用【椭圆】工具，绘制一个椭圆，并调整到合适的位置。选择【对象】→【群组】命令，将其移动到如图5-65所示的位置。

图5-64　绘制图形

图5-65　移动对象

10 单击【钢笔】工具，在画布中绘制如图5-66所示的图形，通过【颜色】调板设置对象的填充属性为黄色。

11 绘制完成的热气球效果如图5-67所示。

图5-66　绘制图形

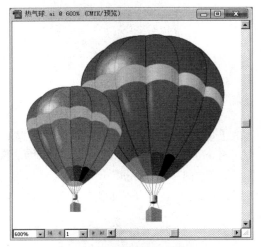

图5-67　最终完成效果

5.3.2　窗台和盆花

本例将通过讲解"窗台和盆花"的绘制来提高读者综合运用【路径查找器】进行图形编辑的能力。

【最终效果】

本例的最终效果如图5-68所示。

【解题思路】

1 使用【钢笔】、【矩形】等工具绘制基本图形。

2 使用【路径查找器】进行图形编辑。

3 配合【颜色】、【渐变】调板为图形填色。

4 使用【文件】→【存储】命令将文件保存。

操作提示

1 新建一个Illustrator文件。在弹出的【新建文档】对话框中设置新建文档配置文件的大小及单位等参数。

2 使用【圆角矩形】工具，在画布中适当的位置绘制圆角矩形。

3 单击【选择】工具，选中刚绘制的圆角矩形，通过【颜色】调板设置圆角矩形的填充色值为（C：40、M：0、Y：100、K：15）。

4 使用【矩形】工具，在画布中绘制一个矩形，并调整绘制的矩形至如图5-69所示的位置。

图5-68 最终效果

5 单击【选择】工具，拖拽鼠标选择图形。单击【路径查找器】调板中的【减去顶层】按钮，执行后的效果如图5-70所示。

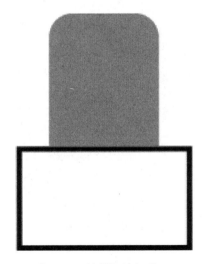

图5-69 绘制好的矩形

图5-70 使用【减去顶层】后的效果

6 单击【选择】工具选择图形，将图形复制后调整到适当的位置，通过【渐变】和【颜色】调板分别设置对象的填充属性，并将图形进行缩放，缩放后的效果如图5-71所示。

7 使用【选择】工具，单击复制后的图形再次进行复制后调整到适当的位置，并通过【颜色】调板设置对象的填充色值为（C：18、M：21、Y：35、K：0）。

8 将调整好颜色的图形进行缩放，效果如图5-72所示。

9 单击【矩形】工具，在画布中绘制矩形，调整位置后如图5-73所示。

10 单击【选择】工具，拖拽鼠标选择图形。单击【路径查找器】调板中的【减去顶层】按钮，执行后的效果如图5-74所示。

图5-71　使用【渐变】调板填充颜色

图5-72　设置填充属性后的效果

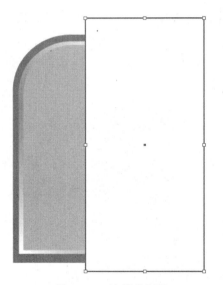

图5-73　绘制的矩形

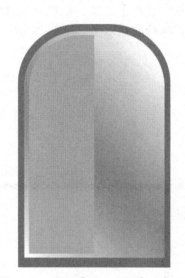

图5-74　执行【减去顶层】后的效果

11 使用【矩形】工具和【钢笔】工具，绘制玻璃的图形，并通过【路径查找器】调板中的【差集】命令完成如图5-75所示的效果。

12 通过【颜色】调板设置对象的色值为（C：14、M：14、Y：58、K：1）。

13 使用【镜像】工具，对图形进行镜像复制。

14 单击【矩形】工具，在画布中适当的位置绘制矩形，通过【颜色】调板调整对象的填充色值为（C：7、M：7、Y：27、K：1）并调整位置，如图5-76所示。

15 重复步骤14，完成如图5-77所示的效果。

16 单击【矩形】工具，在页面中绘制矩形。

17 单击【自由变换】工具，调整矩形的透视效果后并将其进行缩放，如图5-78所示。

图5-75 【差集】后的效果

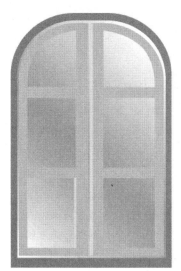

图5-76 绘制的矩形

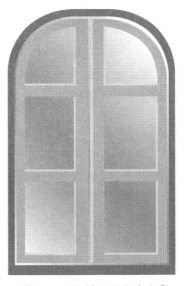

图5-77 绘制矩形后的效果

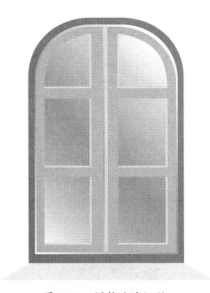

图5-78 调整后的矩形

18 单击【矩形】工具绘制矩形，调整对象的填充色值为（C：0、M：18、Y：24、K：25），并调整至如图5-79所示的位置。

19 单击【椭圆】工具，在画布中适当位置绘制椭圆。

20 单击【圆角矩形】、【钢笔】工具，在画布中绘制如图5-80所示的图形。

21 使用【矩形】、【椭圆】工具绘制图形，并调整出适当的透视角度，绘制好的形状如图5-81所示。

22 将绘制好的矩形和椭圆选中，执行【路径查找器】调板中的【联集】命令，在【颜色】调板中调整对象的填充色值为（C：0、M：50、Y：79、K：40），效果如图5-82所示。

图5-79　绘制好的矩形

图5-80　绘制好的椭圆

图5-81　绘制好的效果

图5-82　绘制好的效果

23 通过【钢笔】工具，分别绘制图形，通过【颜色】调板调整对象的填充色，设置后的效果如图5-83所示。

24 通过【钢笔】、【直接选择】、【渐变网格】工具绘制如图5-84所示的图形，并通过【颜色】调板设置对象的填充属性。

图5-83　绘制的图形

图5-84　绘制的图形

25 单击【选择】工具，将绘制的图形移动到画布中适当的位置，完成绘制后的效果如图5-85所示。

图5-85　最终效果图

26 选择菜单【文件】→【存储】命令，将文件保存为"窗台和盆花.ai"。

5.4 答疑与技巧

问 在画面中绘制的图形非常多，在进行其他命令操作时就会显得非常不方便，这时应该怎么办？

答 可以通过【编组】命令把选定的对象和多个图形对象组合在一起，当对它们进行其他操作（如移动、缩放等）时，该操作可以应用到组合后的所有图形对象。如果想要选定编组对象中的某一图形对象时，可以使用工具箱的【组选择】工具来进行对象选取。一旦把多个对象组合之后，利用选择工具选定组中的任一对象，都将选定整个图形组。

问 在使用键盘上的方向键来进行对象移动的时候，移动距离的大小可以调节吗？

答 在使用键盘方向键移动对象时，每按一次键所移动的距离大小是可以调整的。通过菜单【编辑】→【首选项】→【常规】命令中的键盘增量来进行设置即可。

问 使用【路径查找器】中的命令后，对象不能进行颜色的填充，这时该怎么办？

答 如果使用【路径查找器】中的命令后，对象不能进行颜色的填充，说明对象可能不是闭合的，那么执行菜单【对象】→【扩展】命令，在弹出的【扩展】对话框中，将【填充】和【描边】两个选项选中后，单击【确认】按钮即可。

结束语

　　本章详细讲解了【路径查找器】面板中各命令的使用方法，并通过典型的案例操作进一步了解这些命令在实际工作中的应用。通过本章的学习，读者能够熟练地掌握并综合运用Illustrator CC中相应的知识绘制出精美的图形。

Chapter 6

第6章
文字

本章要点

入门——基本概念与基本操作
- 文字的创建
- 文字的图形化
- 字符调板

进阶——典型案例
- 刺猬字

- 缝纫字
- 名片

提高——自己动手练
- 多重描边字
- 连体字
- 游戏Logo的绘制

本章导读

　　在文本中添加图形对象、在图形对象中添加文本……读者在进行图像处理和文字排版的时候经常会遇到这样的问题，Illustrator CC提供了非常强大的文本编辑和图文混排功能。

　　本章通过实例的讲解，使读者熟练掌握Illustrator CC中文字工具、路径文字工具和区域文字工具的使用，以及如何设置字符格式（字体、字号、字间距等）和段落格式（段落对齐方式、段前、段后间距等）并将文本转化为轮廓等知识。

6.1 入门——基本概念与基本操作

【文字】工具是Illustrator中的重要工具，往往在一幅画面中，可以通过文字来表达主体思想、主要内容等。通过对文字的编辑，可以让文字在整个画面中起到锦上添花的作用。

6.1.1 文字的创建

Illustrator创建文字的方法和样式是多种多样的，下面逐一来进行讲解。

1. 文字排列方式

Illustrator CC中文字排列的方式有3种：横向排列、竖向排列、沿路径的走向排列（亦称作弯曲排列）。

- 横向排列：单击【工具箱】中的【文字】工具，移动鼠标指针到画布中，单击鼠标左键，出现光标后输入文字，文字呈横向排列，如图6-1所示。

文字工具

图6-1　横向排列

- 竖向排列：单击【工具箱】中的【直排文字】工具，用同样的方式输入文字，文字呈竖向排列，如图6-2所示。
- 沿路径的走向排列（弯曲排列）：单击【工具箱】中的【椭圆】工具，绘制一个椭圆，单击【工具箱】中的【路径文字】工具，移动鼠标到刚绘制的椭圆边缘上单击鼠标左键，出现光标后输入文字即可，如图6-3所示。

图6-2　竖向排列

图6-3　弯曲排列

2. 文字创建方式

在Illustrator CC中，创建文字的方式有3种。

- 点文字：从文档中的位置开始，并随着字符的输入而扩展成为一行或者一列文本。这种方式适合于在图稿中输入少量文本的情况。具体操作为：单击【文字】工具，移动鼠标到画布中，单击鼠标左键，出现闪烁光标，该点即为文字输入的起始位置。完成文字输入后，按【Ctrl+Enter】组合键结束文字的输入，效果如图6-4所示。

中国．北京

图6-4　点文字

🔍 **区域文字**：指利用对象边界来控制字符的排列（既可横排也可直排）。当文本触及边界时，会自动换行，以落在所定义区域的外框内。当创建包含一个或多个段落的文本（比如用于宣传册之类的印刷品）时，这种文本输入的方式相当有用。具体操作为绘制一个椭圆区域后，单击文字工具，鼠标移动到椭圆的边缘上单击鼠标左键，开始输入文字，如图6-5所示。如果输入的文本长度超出了区域的容量，则靠近边框区域底部的地方会出现一个加号的小方块。此时还可调整文本区域的大小，以便显示出全部文字，如图6-6所示。

图6-5　区域文字　　　　　　　　　　　图6-6　未完全显示的区域文字

 提示　【矩形】、【椭圆形】、【钢笔】工具绘制的封闭图形等均可作为输入区域文字的区域。

🔍 **路径文字**：指沿着开放或者闭合的路径排列的文字。当水平输入文本时，字符的排列会与基线平行。当输入垂直文本时，文字的排版会与基线垂直。其具体的操作方法为，首先绘制好路径，然后利用路径文字工具输入文字即可，如图6-7所示。

图6-7　路径文字

6.1.2　文字的图形化

文字轮廓的创建是指将文字路径化处理。文字被创建轮廓后不具备文字的属性，变成了轮廓路径。可以移动文字上的锚点，也可以进行渐变填充。文字轮廓的创建操作如下。

1　选择要创建轮廓的文字，如图6-8所示。

2　在保持对象被选中的情况下，执行菜单【文字】→【创建轮廓】命令。

3 文字被创建轮廓后的效果如图6-9所示，此后即可对其进行各种路径的编辑。

图6-8 选择的文字 　　　　　　　　　图6-9 选择的文字

6.1.3 字符调板

应用字符调板可以更改文字的字体、大小等。

执行菜单【窗口】→【文字】→【字符】命令，打开【字符】调板，如图6-10所示。

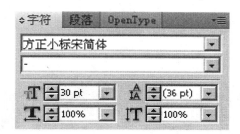

图6-10 【字符】调板

提示 第一次弹出【字符】调板，只显示最为常用的字符设置选项，若要显示所有选项，可以单击【字符】调板左上角的双三角形图标循环切换显示状态。

6.2 进阶——典型案例

6.1节具体介绍了文字的使用，使读者对这些基础操作有了一定的了解，下面我们通过一些典型实例巩固所学知识。

6.2.1 刺猬字

通过刺猬字效果，使读者充分了解到文字图形化的效果。

最终效果

本例的最终效果如图6-11所示。

图6-11 最终效果

▌ 解题思路 ▌

1 使用【文字】工具输入文字。

2 使用【创建轮廓】命令将文字转换为图形。

3 使用【收缩和膨胀】效果完成最终绘制。

▌ 操作步骤 ▌

1 启动Illustrator CC。

2 选择菜单【文件】→【新建】命令，此时弹出【新建文档】对话框，对话框中所有的参数都采用默认选项，直接单击【确定】按钮，生成一个空白的文件。

3 单击【文字】工具，在画布中合适的位置单击鼠标左键，在插入点所在的位置输入"刺猬字"3个字，按【Ctrl+T】组合键，显示【字符】调板，设置文字的字体及字号，效果如图6-12所示。

4 选择菜单【文字】→【创建轮廓】命令，将文本转化为图形，如图6-13所示。

图6-12　输入的文字　　　　　　图6-13　执行【创建轮廓】命令后的效果

5 单击【色板】调板中的渐变色，将文字由单色填充设置为渐变色填充，效果如图6-14所示。

6 选择菜单【效果】→【扭曲和变换】→【收缩和膨胀】命令，此时弹出【收缩和膨胀】对话框，在对话框中进行相应的参数设置，如图6-15所示。设置完成后单击【确定】按钮。

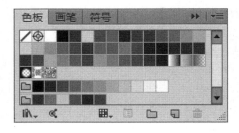 

图6-14　【色板】调板　　　　　　图6-15　【收缩和膨胀】对话框

7 完成后的效果如图6-16所示。

图6-16　完成设置后的效果

6.2.2 缝纫字

通过缝纫字的效果，使读者掌握更丰富的文字处理技能。

最终效果

本例的最终效果如图6-17所示。

图6-17 最终效果

解题思路

1 使用【文字】工具输入文字。
2 使用【创建轮廓】命令将文字转换为图形。
3 使用【位移路径】效果完成最终绘制。

操作步骤

1 启动Illustrator CC。
2 选择菜单【文件】→【新建】命令，此时弹出【新建文档】对话框，对话框中所有的参数都采用默认选项，直接单击【确定】按钮，生成一个空白的文件。
3 单击【文字】工具，在画布中合适的位置单击鼠标左键，在插入点所在的位置输入"缝纫字"3个字，将文字颜色设置为棕色，按【Ctrl+T】组合键，在弹出的【字符】调板中进行设置，效果如图6-18所示。
4 单击菜单【文字】→【创建轮廓】命令，将文本转为图形，如图6-19所示。

图6-18 输入文字后的效果

图6-19 执行【创建轮廓】命令后的效果

5 选择菜单【对象】→【路径】→【位移路径】命令，此时弹出【位移路径】对话框，在对话框中进行如图6-20所示的参数设置，设置完成后单击【确定】按钮；效果如图6-21所示。

图6-20　【位移路径】对话框　　　　　　　　　图6-21　位移路径后的效果

6 选择菜单【对象】→【取消编组】命令。单击【选择】工具，选择位移后的路径，通过【颜色】调板设置对象的轮廓属性为白色，通过【描边】调板设置轮廓的虚线样式，如图6-22所示。

7 设置描边后的效果如图6-23所示。

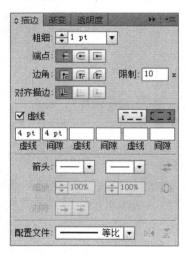

图6-22　【描边】调板　　　　　　　　　图6-23　设置描边后的效果

6.2.3　名片

　　名片是现代社会中应用最为广泛的一种交流工具，也是现代交际中不可或缺的一个展现个性风貌的必备工具。通过本案例的制作，使读者了解名片的尺寸及设计规范、名片所包含的内容及名片的印刷等知识。

■ 最终效果 ■

　　本例的最终效果如图6-24所示。

■ 解题思路 ■

1 使用【矩形】工具、【钢笔】工具、【椭圆】工具绘制背景。

2 使用【文字】工具完成绘制。

图6-24　最终效果

操作步骤

1. 启动Illustrator CC。

2. 选择菜单【文件】→【新建】命令，此时弹出【新建文档】对话框，对话框中所有的参数都采用默认选项，直接单击【确定】按钮，生成一个空白的文件。

3. 单击【矩形】工具，在弹出的【矩形】对话框中，输入矩形的宽度为90mm，高度为45mm，在画布中合适的位置绘制矩形，通过【颜色】调板设置其填充色为（C：9、M：5、Y：18、K：0），轮廓描边为无色，如图6-25所示。

图6-25　绘制的矩形

提示　名片的标准尺寸为90mm×55mm、90mm×50mm、90mm×45mm。但是加上出血上、下、左、右各2mm，所以制作尺寸必须顶为94mm×59mm、94mm×54mm、94mm×49mm。

4. 单击【钢笔】工具，在画布中适当的位置绘制如图6-26所示的图形，并通过【颜色】调板设置填充色为（C：34、M：10、Y：95、K：0），描边属性为无色。

5. 使用【椭圆】工具，在画布中适当的位置绘制椭圆，并通过【颜色】调板设置填充色为（C：63、M：63、Y：67、K：13），描边属性为无色，如图6-27所示。

图6-26　绘制的图形

图6-27　绘制的椭圆

6 单击【文字】工具，在画布中适当的位置单击鼠标左键，在插入点所在的位置输入文字，通过【字符】调板进行字体、字号的设置，如图6-28所示。

7 单击【文字】工具，在画布中适当的位置单击并拖拽鼠标，输入段落文字，通过【字符】调板设置文字的行间距，如图6-29所示。

图6-28　输入的文字　　　　　图6-29　通过【字符】调板设置后的效果

提示　设计名片时还需要确定名片上所要印刷的内容。名片的主体是名片上所提供的信息，名片信息主要有姓名、工作单位、电话、手机、职称、地址、网站、E-mail、经营范围、企业的标志、图片、公司的企业语等。

6.3　提高——自己动手练

下面再通过对实例的制作继续巩固前面所学的知识，请读者根据操作提示自己动手练习。

6.3.1　多重描边字

通过多重描边字案例的制作，使读者掌握更多文字处理效果。

最终效果

本例的最终效果如图6-30所示。

图6-30　最终效果

解题思路

1 使用【文字】工具输入文字。

2 使用【创建轮廓】命令将文字转换为图形。

3 使用【位移路径】效果完成最终绘制。

操作提示

1　启动Illustrator CC。

2　选择菜单【文件】→【新建】命令，此时弹出【新建文档】对话框，对话框中所有的参数都采用默认选项，直接单击【确定】按钮，生成一个空白的文件。

3　在画布中合适的位置绘制矩形，通过【颜色】调板设置其填充色为（C：0、M：20、Y：100、K：0），轮廓描边为无色。

4　单击【文字】工具，在画布中合适的位置单击鼠标左键，在插入点所在的位置输入"多重描边字"。

5　选择菜单【外观】调板，并创建新【填充】。

6　使用【色板】调板更改填充属性为白色。

7　将【填色】在【外观】调板中拖拽至【字符】的下方，此时【字符】的黑色将遮挡住【填色】的白色，如图6-31所示。

8　在【外观】调板中，单击激活【填色】，选择菜单【对象】→【路径】→【位移路径】命令，此时弹出【位移路径】对话框，在对话框中设置位移大小，为了方便调整所需要的位移大小，可勾选【预览】复选框，设置完成后单击【确定】按钮，效果如图6-32所示。

图6-31　将【填充】拖拽至【字符】的下方　　　　图6-32　【位移路径】后的效果

9　在【外观】调板中，激活【填充】选项，单击调板底部的【复制所选项目】按钮，并将【复制所选项目】后的【填色】颜色设为蓝色，如图6-33所示。

10　完成后的效果如图6-34所示。

图6-33　复制后的【外观】效果　　　　图6-34　完成后的效果

6.3.2　连体字

通过连体字的效果制作，使读者熟练掌握更多文字的变化方式。

最终效果

本例的最终效果如图6-35所示。

图6-35　最终效果

解题思路

1　使用【文字】工具输入文字。
2　通过【创建轮廓】将文字转换为可编辑路径。
3　使用【钢笔】、【直接选取】工具调整文字的路径，完成绘制。

操作提示

1　启动Illustrator CC。
2　选择菜单【文件】→【新建】命令，此时弹出【新建文档】对话框，对话框中所有的参数都采用默认选项，直接单击【确定】按钮，生成一个空白的文件。
3　单击【文字】工具，在画布中合适的位置单击鼠标左键，在插入点所在的位置输入"旋律"，并通过【字符】调板调整文字的字体及字号。
4　选择菜单【文字】→【创建轮廓】命令，将文字转为可编辑的路径。
5　使用【钢笔】工具和【直接选取】工具对路径进行修改，完成后的效果如图6-36所示。

图6-36　更改图形的形状

6.3.3　游戏Logo的绘制

在一款游戏中，游戏Logo是一个不容缺少的美术元素，其应用范围最为广泛，本例将通过游戏Logo的设计，使读者更加熟练地掌握【文字】工具的综合应用。

最终效果

本例的最终效果如图6-37所示。

图6-37　最终效果

解题思路

1 使用【文字】工具输入文字。

2 使用【钢笔】、【添加锚点】、【删除锚点】等工具进行文字处理。

3 使用【位移路径】命令完成最终绘制。

操作提示

1 启动Illustrator CC。

2 选择菜单【文件】→【新建】命令，此时弹出【新建文档】对话框，对话框中所有的参数都采用默认选项，直接单击【确定】按钮，生成一个空白的文件。

3 单击【文字】工具，在画布中合适的位置单击鼠标左键，在插入点所在的位置输入"Tiaotiaonlie"，并通过【字符】调板调整文字的字体及字号。

4 将输入的文字转换为可编辑路径，并取消编组，通过【颜色】调板设置文字的填充属性，如图6-38所示。

Tiaotiaonlie

图6-38　更改属性后的文字效果

5 使用【选择】工具，选中改变属性后的文字，执行【添加锚点】命令，为文字添加锚点，效果如图6-39所示。

Tiaotiaonlie

图6-39　添加锚点后的效果

6 使用【选择】工具，选中字母"T"，通过【添加锚点】工具、【直接选取】工具、【转换锚点】工具完成如图6-40所示的文字调整。

7 设置字母"T"的描边属性为黑色。

8 使用【椭圆】工具，在适当的位置绘制正圆，并调整填充属性为白色，如图6-41所示。

图6-40　调整后的字母"T" 　　　　　　　　图6-41　绘制椭圆后的效果

9 使用【选择】工具，选中字母"O"，释放复合路径，效果如图6-42所示。

10 将中间的小圆路径删除，使用【美工刀】工具、【钢笔】工具、【椭圆】工具，完成如图6-43所示的图形。

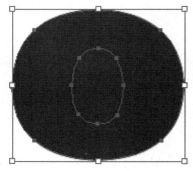

图6-42　释放复合路径后的效果 　　　　　图6-43　绘制完成的字母"O"

11 重复步骤10，绘制字母"a"，完成后的效果如图6-44所示。

12 重复步骤6~步骤10完成其余字母的绘制，完成后的效果如图6-45所示。

图6-44　绘制完成的字母"a" 　　　　　　　图6-45　绘制完成的字母

13 使用【文字】工具输入文字"堂"，通过【字符】调板更改文字的属性并将文字转换为可编辑轮廓。

14 使用【删除锚点】、【剪刀】、【添加锚点】、【转换锚点】、【直接选择】等工具，调整文字如图6-46所示。

15 使用【钢笔】工具绘制心形并将其移动到如图6-47所示的位置。

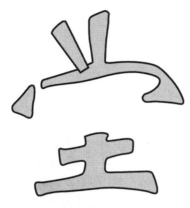

图6-46　修改后的文字

图6-47　绘制的心形

16 使用【钢笔】工具绘制如图6-48所示的图形。

17 将绘制好的图形移动到如图6-49所示的位置。

图6-48　绘制的图形

图6-49　移动图形到适当的位置

18 使用【钢笔】工具、【椭圆】工具绘制文字的高光，如图6-50所示。

19 将绘制好的文字调整至适当的位置，如图6-51所示。

图6-50　绘制高光后的效果

图6-51　调整位置后的文字

20 将调整好的文字编组，使用【位移路径】命令进行位移处理，完成后的效果如图6-52所示。

图6-52 【位移路径】后的文字

6.4 答疑与技巧

问 在进行文字编辑的时候，需要调整文字的大小，如果字号列表中没有所需要的字号，这时该怎么办？

答 如果字号列表中没有用户所需要的字号大小，可以在字号选项框中输入所需要的字号后，按【Enter】键确定，完成字号的设定。

问 Illustrator 的文字输入有点文字和段落文字两种，那么通常在什么情况下使用点文字，又在什么情况下使用段落文字呢？

答 一般情况下排列标题及文字比较少，且不用强求对齐的可用点文字；如果有大段文字而且要分行及对齐的，则一定要用段落文字。

结束语

本章详细讲解了Illustrator CC中文字的使用，并对一些经典案例进行了详细讲解。通过本章的学习，读者能够熟练地掌握Illustrator CC文字工具，便于以后在工作中能达到灵活运用的目的。

Chapter 7

第7章
图层、动作和蒙版

本章要点

入门——基本概念与基本操作　　　**提高——向日葵**

- 图层
- 动作
- 裁切蒙版

进阶——典型实例

- 卡通信纸
- 蒙版特效字

本章导读

　　图层的使用在图像处理中是一个很重要的内容，因为有了图层后，图像的编辑就比以前方便多了。图层就像一张张透明的纸，用户可以在这些纸上绘制需要的图形，然后再将这些透明的纸按照要求和次序进行叠加。如果用户需要，还可以进行透明纸上图像的合并。

　　动作，说白了就是进行操作步骤的编程，从而使得对象的操作自动化。使用动作可以节省很多时间，提高工作效率。

　　本章主要讲解图层、动作和蒙版的使用，其中包括蒙版的创建、查看蒙版、锁定对象到蒙版和删除被蒙版的对象、蒙版的释放方法等。

7.1 入门——基本概念与基本操作

下面我们就来了解一下图层、动作和蒙版的作用和基本操作技巧。

7.1.1 图层

首先学习一下【图层】调板的使用。

1 启动Illustrator CC。

2 选择菜单【文件】→【打开】命令，打开"素材文件"→"第7章"→"图层.ai"文件。

3 选择菜单【窗口】→【图层】命令，显示【图层】调板，如图7-1所示。

图7-1 【图层】调板

- **【创建新图层】按钮：** 单击该按钮可以创建一个新图层，如果用鼠标拖拽某一图层至该按钮上，则可以复制图层。
- **【删除图层】按钮：** 使用鼠标拖拽某一图层至该按钮上，可以删除图层；或者选中当前要删除的图层，单击该按钮即可删除图层。
- **【创建新子图层】按钮：** 可以在当前图层下添加若干新的子图层。一个图层可以包含多个子图层，子图层下面还可以包含子图层。如果隐藏或锁定了父图层，那么属于它下面的子图层都将被隐藏或锁定。
- **【建立/释放图层蒙版】按钮：** 主要用于建立或释放蒙版，同选定菜单【对象】→【剪切蒙版】→【建立】命令是同样的功能。
- **【显示/隐藏图层】按钮：** 用于显示或隐藏图层。当眼睛图标不显示时，这一图层被隐藏，反之则表示显示图层。

4 双击【图层】调板中的"图层1"字样，此时弹出【图层选项】对话框，在【名称】文本框中输入"背景图层"的字样，如图7-2所示。

图7-2 【图层选项】对话框

5 双击颜色块按钮，此时弹出【颜色】对话框，用于指定新图层的颜色，可以从中选择一种颜色（如蓝色），如图7-3所示。单击确定按钮关闭【颜色】对话框。

6 单击【图层】调板右上角的三角形的按钮，在弹出的下拉菜单中选择【新建图层】命令，此时弹出【图层选项】对话框，在【名称】文本框中输入当前图层的名称"文字素材"，在【颜色】选项中设定当前图层的颜色为红色，设置好后单击【确定】按钮，此时的【图层】调板如图7-4所示。

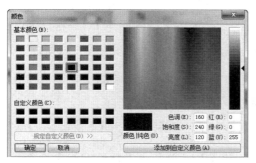

图7-3 【颜色】对话框

图7-4 【图层】调板

 提示 按住【Alt】键不放，单击【图层】调板底部的【创建新图层】按钮，将弹出【图层选项】对话框。

7 选择菜单【对象】→【排列】→【发送至当前图层】命令，可以将当前选中的对象移动到当前的新图层"文字素材"中，同时也具备"文字素材"图层的属性，如图7-5所示。

图7-5 将所选对象移动到当前图层

8 单击【图层】调板底部的【创建新图层】按钮，可以创建一个新的"图层3"，双击"图层3"，在弹出的【图层属性】对话框中设置该图层的颜色为黄色。

 提示 按住【Ctrl】键不放，单击【创建新图层】按钮，此时将在【图层】调板的最上层新建一个图层。

9 单击【选择】工具，选择对象，此时的范围框以图层的颜色（黄色）显示。

> **提示** 按住【Ctrl】键不放，逐个单击想要选择的图层，可以选择多个不连续的图层；按住【Shift】键分别单击两个图层，可以选择两个图层之间的多个连续图层。

10 选择菜单【文件】→【存储为】命令，将文件保存为"图层A.ai"。

下面来一起学习关于【图层】调板中【锁定图层】和【删除图层】命令的使用。

当图层锁定后，此图层中的对象将不能再被选择或编辑。锁定图层的方法有以下4种。

📷 **使用【图层】调板的下拉菜单**：单击选择一个图层，单击【图层】调板右上角的三角形按钮，在弹出的下拉菜单中选择【锁定其他图层】命令，此时【图层】调板中除当前选中的图层外，其他所有的图层都被锁定。

📷 **使用【图层选项】对话框**：在【图层】调板中双击图层，弹出【图层选项】对话框，勾选【锁定】复选框，图层也可以被锁定。

📷 **使用【对象】菜单命令**：选择菜单【对象】→【锁定】→【其他图层】命令，可以锁定其他未被选中的图层。

📷 **使用【图层】调板中的锁定图层图标**：在想要锁定的图层左边的方格中单击，出现锁定图标，图层被锁定。再次单击锁定图标，即解除对此图层的锁定状态。

删除图层的方法有以下2种。

📷 **使用【图层】调板的下拉菜单**：单击选择一个图层，单击【图层】调板右上角的三角形按钮，在弹出的下拉菜单中选择【删除图层】命令，此时所选图层即可被删除。

📷 **使用【图层】调板中的【删除图层】按钮**：单击选择一个图层，单击【图层】调板底部的【删除图层】按钮，可以将所选的图层删除；也可以用鼠标选择要删除的图层并拖拽到【删除图层】按钮上来删除图层。

7.1.2 动作

接下来介绍【动作】调板的各项功能。

1 启动Illustrator CC。

2 选择菜单【文件】→【打开】命令，打开"本书案例文件\07\动作.ai"文件。

3 选择菜单【窗口】→【动作】命令，显示【动作】调板，如图7-6所示。

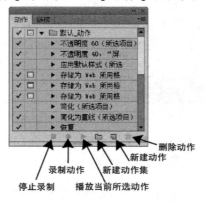

图7-6 【动作】调板

📷 **【新建动作】按钮**：单击该按钮可以创建一个新动作。

📷 **【新建动作集】按钮**：单击此按钮可以创建一个新的动作集，以便保存新的动作。

🔍 【删除动作】按钮：单击此按钮可以将当前选中的动作或动作集删除。

🔍 【播放当前所选动作】按钮：单击此按钮可以执行当前选中的动作。

🔍 【录制动作】按钮：用来录制一个新的动作，当处于录制状态时，该按钮呈红色显示。

🔍 【停止录制】按钮：只有当【录制动作】按钮被按下时，该按钮才可以使用，单击此按钮可以停止当前的录制操作。

4 单击【动作】调板底部的【新建动作集】按钮，此时弹出【新建动作集】对话框，在【名称】文本框中输入"自定义动作"，如图7-7所示。设置完成后单击【确定】按钮。

5 单击【动作】调板底部的【新建动作】按钮，此时弹出【新建动作】对话框，在【名称】文本框中输入动作的名称及动作存放的动作集，如图7-8所示，设置完成后单击【确定】按钮。

图7-7　【新建动作集】对话框

图7-8　【新建动作】对话框

6 使用【选择】工具，单击选择对象。单击【镜像】工具，按住【Alt】键不放，单击镜像中心点，此时弹出【镜像】对话框，在对话框中进行如图7-9所示的参数设置，设置完成后单击【复制】按钮。镜像后的效果如图7-10所示。

图7-9　【镜像】对话框

图7-10　镜像后的效果

7 单击【选择】工具，拖拽鼠标选择对象。单击【镜像】工具，按住【Alt】键不放，单击镜像中心点，此时弹出【镜像】对话框，在对话框中进行如图7-11所示的参数设置，设置完成后单击【复制】按钮。镜像后的效果如图7-12所示。

图7-11　【镜像】对话框

图7-12　镜像后的效果

8 单击【缩放】工具，按住【Alt】键不放，单击缩放的中心点，此时弹出【比例缩放】对话框，在对话框中进行如图7-13所示的参数设置，设置完成后单击【确定】按钮。缩放后的效果如图7-14所示。

图7-13　【比例缩放】对话框　　　　　图7-14　缩放后的效果

9 单击工具选项属性栏中的【不透明度】，将其设置为40%，设置不透明度后的效果如图7-15所示。

图7-15　设置不透明度后的效果

10 单击【动作】调板中的【停止录制】按钮，完成动作的编辑。

7.1.3　裁切蒙版

　　裁切蒙版是一个可以用其形状遮盖其他图形的对象，即遮住不需要显示或打印的部分，下面我们就来一起了解一下裁切蒙版的创建方法、编辑裁切蒙版和裁切蒙版的释放方法等。

1 启动Illustrator CC。

2 选择菜单【文件】→【打开】命令，打开"本书案例文件\07\裁切蒙版.ai"文件。

3 单击【多边形】工具，在页面中适当的位置绘制一个多边形，如图7-16所示。

4 单击【选择】工具，拖拽鼠标选择对象。

5 选择【对象】→【剪切蒙版】→【建立】命令，创建蒙版后的效果如图7-17所示。

6 选择菜单【对象】→【剪切蒙版】→【释放】命令，释放蒙版后的效果如图7-18所示。

7 使用【选择】工具，选择多边形，按【Delete】键删除对象。

8 单击【圆角矩形】工具，在页面中适当的位置绘制一个圆角矩形，如图7-19所示。

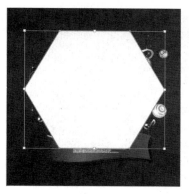

图7-16　绘制多边形后的效果

图7-17　创建蒙版后的效果

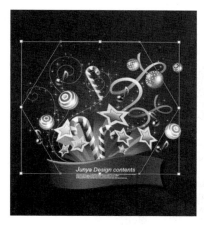

图7-18　释放蒙版后的效果

图7-19　绘制圆角矩形后的效果

9 单击【选择】工具，拖拽鼠标选择对象。

10 选择菜单【对象】→【剪切蒙版】→【建立】命令，创建蒙版后的效果如图7-20所示。

图7-20　创建蒙版后的效果

11 选择菜单【对象】→【剪切蒙版】→【编辑内容】命令，通过选择工具可以对蒙版对象进行移动，效果如图7-21所示。

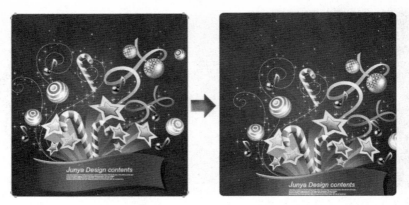

图7-21　移动蒙版的效果

12 单击【文字】工具，在页面中合适的位置输入文字，通过【字符】调板设置文字的字体及字号，如图7-22所示。

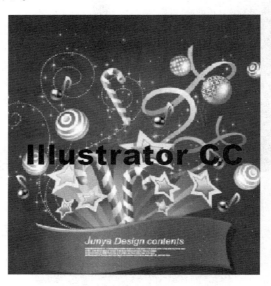

图7-22　输入文字后的效果

13 单击【选择】工具，拖拽鼠标选择对象。

14 选择菜单【对象】→【剪切蒙版】→【建立】命令，创建蒙版后的效果如图7-23所示。

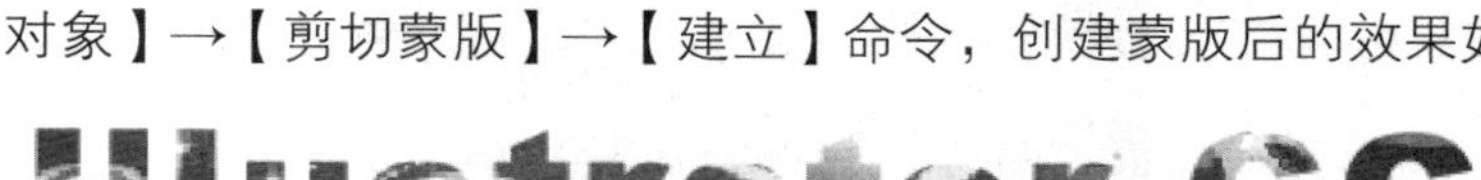

图7-23　创建蒙版后的效果

15 选择菜单【对象】→【剪切蒙版】→【编辑内容】命令，通过选择工具可以对蒙版对象进行移动，效果如图7-24所示。

16 选择菜单【文件】→【存储】命令，将文件保存为"裁切蒙版.ai"。

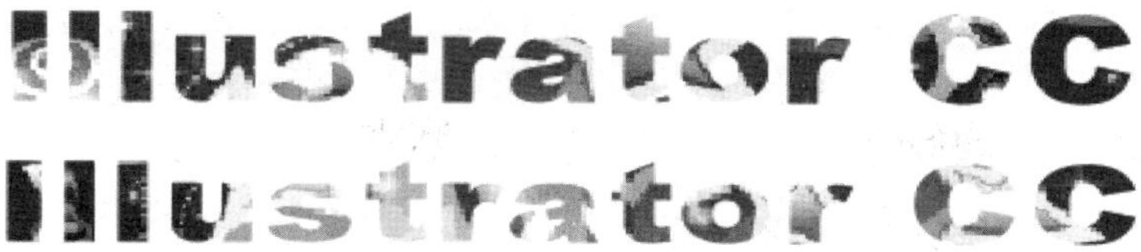

Illustrator CC

Illustrator CC

图7-24 移动蒙版后的效果

7.2 进阶——典型实例

　　7.1节具体介绍了图层、动作及蒙版的使用，使读者对这些基础操作有了一定的了解，下面通过一些典型实例巩固所学知识。

7.2.1 卡通信纸

　　本例主要讲解卡通信纸的绘制方法，通过案例的实际操作使用户掌握卡通信纸的制作流程，掌握裁切蒙版的创建方法及蒙版的编辑等。

最终效果

　　本例的最终效果如图7-25所示。

解题思路

1 使用【钢笔】工具绘制基本图形。
2 使用【描边】工具设置虚线样式。
3 使用【创建蒙版】命令完成绘制。

操作步骤

1 首先新建一个Illustrator文件。
2 在弹出的【新建文档】对话框中设置新建文档配置文件的大小为A4，单位为毫米，出血均为2mm，如图7-26所示。

图7-25 最终效果

图7-26 【新建文档】对话框

3 单击【矩形】工具，在画布中适当的位置绘制一个矩形，通过【颜色】调板设置对象的填充属性。单击【选择】工具，选中绘制的矩形，按住【Alt】键不放拖拽鼠标复制图形。

4 选择菜单【对象】→【变换】→【再次变换】命令，完成如图7-27所示的效果。

5 选择菜单【文件】→【打开】命令，打开"本书案例文件\07\卡通猪.ai"文件，将文件中的图片复制到信纸文件中，将其放到合适的位置，如图7-28所示。

图7-27　新建文档对话框　　　　　图7-28　移动图形到合适的位置

6 单击【圆角矩形】工具，在画布中适当的位置绘制圆角矩形，通过【颜色】调板设置对象的填充属性为无色，轮廓属性为粉红色（C：0、M：100、Y：0、K：0）。

7 选择菜单【编辑】→【复制】命令，再选择菜单【编辑】→【贴到前面】命令，通过范围框调整图形的大小，通过【描边】调板设置虚线线段样式，效果如图7-29所示。

8 通过【椭圆】工具和【钢笔】工具，在画布中适当的位置绘制如图7-30所示的图形。

图7-29　描边设置后的效果　　　　　图7-30　绘制的图形

9 单击【矩形】工具，在画布中绘制矩形，通过【画笔】调板设置如图7-31所示的花朵笔刷。应用笔刷后的效果如图7-32所示。

10 选择菜单【编辑】→【复制】命令，再选择菜单【编辑】→【贴到前面】命令。按【D】键恢复默认的填充和轮廓属性，如图7-33所示。

11 单击【选择】工具，拖拽鼠标选择对象。选择菜单【对象】→【剪切蒙版】→【建立】命令，最终效果如图7-34所示。

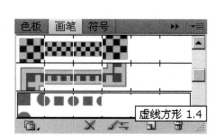

图7-31 【画笔】调板

图7-32 应用笔刷后的效果

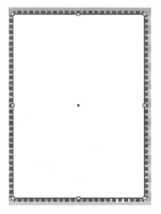

图7-33 复制矩形后的效果

图7-34 创建蒙版后的效果

7.2.2 蒙版特效字

本例将通过蒙版的应用来制作特殊效果的文字，从而使读者更加灵活地掌握蒙版的应用。

最终效果

本例的最终效果如图7-35所示。

图7-35 最终效果

解题思路

▌ 使用【文字】工具创建文字。

2 使用【钢笔】工具、【旋转】工具等绘制底纹。

3 使用【创建蒙版】命令完成绘制。

| 操作步骤 |

1 新建一个Illustrator文件。

2 在弹出的【新建文档】对话框中设置新建文档配置文件的大小为A4，单位为毫米，出血均为2mm，如图7-36所示。

图7-36 【新建文档】对话框

3 单击【矩形】工具，在画布中适当的位置绘制矩形。

4 单击【选择】工具，选择对象，通过【颜色】调板设置对象的填充颜色为橙色（C：0、M：30、Y：100、K：0）。

5 单击【钢笔】工具，在页面中合适的位置绘制图形，通过【颜色】调板设置对象填充色为（C：5、M：0、Y：0、K：0），如图7-37所示。

6 单击【旋转】工具，按住【Alt】键不放，单击定位镜像中心点，此时弹出【旋转】对话框，在对话框中进行如图7-38所示的参数设置，设置完成后单击【复制】按钮。旋转复制后的效果如图7-39所示。

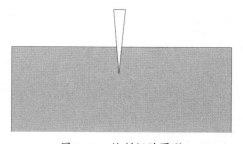

图7-37 绘制好的图形

图7-38 【旋转】对话框

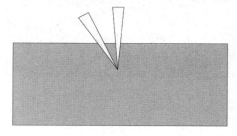

图7-39 旋转复制后的效果

7 选择菜单【对象】→【变换】→【再次变换】命令，再次变换后的效果如图7-40所示。

8 单击【文字】工具，在画布中输入文字"Illustrator CC"，通过【字符】调板设置文字的字体及字号，如图7-41所示。

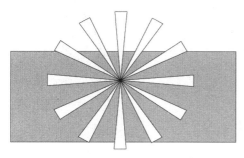 

图7-40　再次变换后的图形　　　　　图7-41　设置后的文字效果

9 单击【选择】工具，拖拽鼠标选择所有对象。选择菜单【对象】→【剪切蒙版】→【建立】命令，执行命令后的效果如图7-42所示。

10 单击【矩形】工具，在画布中绘制矩形，并设置填充对象的属性为绿色，完成后的效果如图7-43所示。

图7-42　创建蒙版后的效果　　　　　图7-43　绘制矩形后的效果

11 选择菜单【文件】→【存储】命令，将文件保存为"蒙版特效字.ai"。

7.3 提高——向日葵

下面通过"向日葵"实例的制作继续巩固前面所学的知识，请读者根据操作提示自己动手练习。

【最终效果】

本例的最终效果如图7-44所示。

【解题思路】

1 使用【椭圆】、【钢笔】、【直接选取】等工具绘制基本图形。

2 使用【文字】工具输入相应的文字。

3 使用【剪切蒙版】命令实现最终效果。

【操作提示】

1 启动Illustrator CC。

图7-44　最终效果

2 选择菜单【文件】→【新建】命令，【新建文档】对话框中所有的参数都采用默认选项，直接单击【确定】按钮，生成一个新的空白文件。

3 使用【椭圆】工具、【直接选取】工具，在画布中绘制如图7-45所示的图形。

4 将绘制的图形进行旋转复制，完成后的效果如图7-46所示。

5 在画布中绘制一条直线，并进行多次复制后，将直线进行编组，效果如图7-47所示。

图7-45　绘制的图形

图7-46　旋转复制后的效果

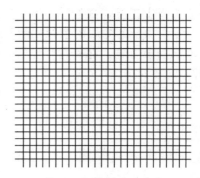

图7-47　复制后的直线

6 在画布中如图7-48所示的位置绘制一个正圆。

7 选中绘制好的直线和正圆，选择菜单【对象】→【建立】→【剪切蒙版】命令。

8 在画布中适当的位置绘制椭圆，并调整其填充属性后移动到适当的位置，如图7-49所示。

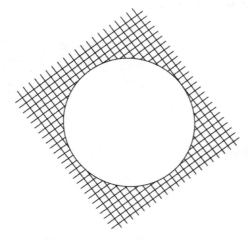

图7-48　绘制正圆后的效果

图7-49　绘制椭圆后的效果

9 将绘制好的图形复制，调整至适当的角度和大小后，移动到如图7-50所示的位置。

10 在画布中绘制一个矩形，并调整对象的填充属性，如图7-51所示。

图7-50 调整后的效果　　　　　　图7-51 设置填充属性后的矩形

11 在画布中适当的位置输入文字"向日葵"，并设置文字的字体、字号。

12 选择菜单【效果】→【变形】→【旗形】命令，在弹出的对话框中设置相应的属性。

13 将输入的文字改变成轮廓，进行复制，并为复制后的文字设置描边属性，效果如图7-52所示。

图7-52 设置属性后的效果

14 使用【符号】面板，在下拉菜单中选择花朵命令，单击图案置入到符号面板中，如图7-53所示。使用符号喷枪工具（Shift+S)将图案喷在图像周围如图7-54所示。

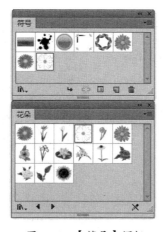

图7-53 【符号】调板　　　　　　图7-54 应用符号喷枪后的效果

15 绘制矩形，并恢复默认的填充属性。

16 将矩形与喷枪效果全部选中，为二者创建剪切蒙版，效果如图7-55所示。

图7-55　创建蒙版后的效果

17 选择菜单【文件】→【存储】命令，将文件保存为"向日葵.ai"。

7.4 答疑与技巧

问 在已绘制好的图稿中，有很多在画面下方或者透明的部分该怎么去掉？或者说怎么把画面中需要的图形合并而没用的图形不会被合并。

答 两种方法：一种是将不同的图形分开图层并进行命名，把不用的图层隐藏或者删掉就好了；另一种是把有用的图像群组，然后用鼠标拖拽出一个大选框，看看里面还有什么透明的东西，因为即使透明，选中以后也会显示边缘路径框，最后把这些删掉或者挪开就可以了。

问 在使用【剪切蒙版】的时候，提示显示"无法创建剪切蒙版，位于最上面的选定对象必须是路径、复合形状、文本对象或者由这些项构成的组"是什么意思？

答 所谓的剪切蒙版，相当于将路径以外的部分全部不要，只不过这个过程是可以还原的，而真正的不要则无法还原。所谓的复合形状，就是选中多个不重叠的形状，其中有一个最大的包含了其他所有小形状，然后选择【对象】→【复合路径】→【建立】命令，于是那些形状就成了一个形状，这时就可以执行【剪切蒙版】命令了。所以要建立剪切蒙版首先要有一个剪切路径，还有被剪切图层或图层组。

结束语

本章详细讲解了Illustrator CC中图层、动作和蒙版的使用，并通过一些经典案例进行综合应用的详细讲解。通过本章的学习，读者能够熟练地掌握Illustrator CC图层、动作和蒙版，便于以后在工作中能达到灵活运用的目的。

Chapter 8

第8章
效果

本章要点

本章导读

　　通过Illustrator CC中所提供的效果，可以得到很多特殊的效果。内置效果组分为两类：矢量滤镜组和位图滤镜组。本章将学习通过效果组命令使图像产生模糊、扭曲、羽化等特殊效果。

8.1 入门——基本概念与基本操作

下面我们就来了解一下效果的使用。

8.1.1 效果菜单

Illustrator CC中的效果主要用来处理图像，产生一些随机的艺术效果，从而丰富内容。单击菜单中的【效果】弹出【效果】下拉菜单，如图8-1所示。

图8-1 【效果】下拉菜单

Illustrator CC中的效果功能主要分为两类：一类是矢量效果，即主要是针对矢量对象（Illustrator效果）；另一类是位图效果（Photoshop滤镜），专门应用于位图对象。滤镜使用的颜色模式为RGB模式或灰度模式，即在RGB或灰度颜色模式下才能使用（个别效果例外）。

菜单中呈灰色显示的命令表示当前状态下该命令不可用。

8.1.2 效果的应用

滤镜与效果的运用都可以通过效果来完成。

滤镜的应用方法说明如下。

1 启动Illustrator CC。

2 选择菜单【文件】→【新建】命令，【新建文档】对话框中所有的参数都采用默认选项，直接单击【确定】按钮，生成一个新的空白文件。

3 通过【置入】命令，置入"素材文件\第8章\创建效果.jpg"文件，如图8-2所示。

图8-2 置入"创建效果"文件

4 使用【选择】工具，单击选择对象。

5 选择菜单【效果】→【风格化】→【投影】命令，此时弹出【投影】对话框，在对话框中进行如图8-3所示的参数调整，设置完成后单击【确定】按钮。应用该命令后的图像效果如图8-4所示。

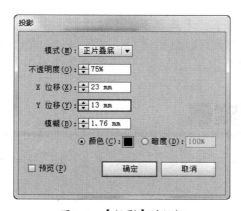

图8-3 【投影】对话框

图8-4 添加【投影】效果

6 在保证对象被选中的情况下，打开【外观】调板，在调板中找到【投影】效果，如图8-5所示，双击该选项，即会弹出【投影】对话框，可以对投影进行再次编辑。

图8-5 【外观】调板

8.1.3 效果命令的应用规则

在应用命令时会发现，某些效果无法应用于所选择的项目，这些效果和滤镜命令以灰色呈现。还有些命令只能应用于矢量对象，而无法应用于位图图像。下面了解一些应用规则，用于帮助确定效果何时可用。

【效果】菜单中上部区域内的所有Illustrator效果下的命令（3D、SVG滤镜、变形、扭曲和变换、栅格化、裁剪标记、路径、路径查找器、转换为形状、风格化）均可用于矢量对象。同样是这些效果，一般情况下对位图对象则不发生作用，除非在【外观】调板中，将这些效果应用到添加效果的填色或描边上。当然，也有例外情形，就是【3D】、【SVG滤镜】和【变形】子菜单中的效果，以及【变换】、【投影】、【羽化】、【内发光】和【外发光】效果会对位图图像产生效果。

【效果】菜单中下部区域中的所有Photoshop效果命令都是栅格效果，这些效果既可以应用于位图图像又可以应用于矢量对象。栅格效果是用于生成像素图像的，其中包括效果画廊、像素化、扭曲、模糊、画笔描边、素描、纹理、艺术效果、视频、锐化、风格化。当这些栅格效果应用于对象时，将使用文档的栅格效果设置。

 提示 Illustrator会使用文档的栅格效果设置来确定最终图像的分辨率。这些设置对于最终图稿的质量有很大的影响。因此，在使用滤镜和效果前，一定要先检查文档的栅格效果设置，这一点十分重要。

【艺术效果】、【画笔描边】、【扭曲】、【素描】、【风格化】、【纹理】和【视频】子菜单中的效果和滤镜不能应用于CMYK颜色模式的文档。如果任何一个使用了这些命令的RGB文档被转换成CMYK文档模式，则这些效果虽然仍列于【外观】调板中，但却将不再影响外观。

8.2 进阶——典型实例

8.1节具体介绍效果的使用，使读者对这些基础操作有了一定的了解，下面通过一些典型实例巩固所学知识。

8.2.1 水壶和花瓶

本例主要讲解3D效果组中环绕命令的使用。

最终效果

本例的最终效果如图8-6所示。

图8-6 最终效果

【解题思路】

1 使用【钢笔】工具绘制图形轮廓。
2 使用【3D转换】命令完成绘制。
3 使用【文件】→【存储】命令将文件保存。

【操作步骤】

下面先来制作一个水壶。

1 新建一个Illustrator文件。
2 在弹出的【新建文档】对话框中所有的参数都采用默认设置，直接单击【确定】按钮，生成一个新的空白文件。
3 单击【钢笔】工具，在页面中绘制图形，通过【转换点】工具和【直接选取】工具可对相应的节点进行修改，效果如图8-7所示。
4 通过【颜色】调板设置对象的填充属性为无色，轮廓线颜色为蓝色，色值为（C：85、M：50、Y：0、K：0）。
5 选择菜单【效果】→【3D】→【绕转】命令，此时弹出【3D绕转选项】对话框，在对话框中进行如图8-8所示的参数设置，设置完成后单击【确定】按钮。应用该命令后的图像效果如图8-9所示。

图8-7 绘制的图形

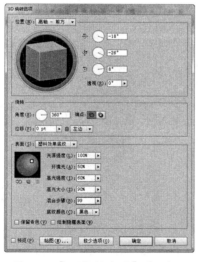

图8-8 【3D绕转选项】对话框

图8-9 应用命令后的效果

6 选择菜单【文件】→【存储】命令，将文件保存为"水壶.ai"。
7 单击【钢笔】工具，在页面中绘制图形，通过【转换点】工具和【直接选取】工具可对相应的节点进行修改，效果如图8-10所示。
8 选择【菜单】→【路径】→【轮廓化描边】命令，将轮廓化描边后的路径通过【直接选取】工具对相应的节点进行修改，效果如图8-11所示。

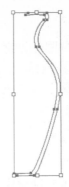

图8-10　绘制的图形　　　　图8-11　轮廓化描边后的效果

9 通过【颜色】调板设置对象填充属性为无色，轮廓线颜色为橘色，色值为（C：0、M：80、Y：95、K：0）。

10 选择菜单【效果】→【3D】→【绕转】命令，弹出【3D绕转选项】对话框，在对话框中进行如图8-12所示的参数设置，设置完成后单击【确定】按钮。应用该命令后的图像效果如图8-13所示。

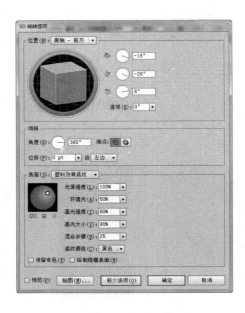

图8-12　【3D绕转选项】对话框　　　　图8-13　应用命令后的效果

11 选择菜单【文件】→【存储】命令，将文件保存为"花瓶.ai"。

8.2.2　马赛克拼贴效果

本例将通过马赛克拼贴效果制作一张中秋海报，并使读者进一步掌握效果的实际应用。

最终效果

本例的最终效果如图8-14所示。

图8-14　最终效果

解题思路

1 使用【置入】命令将素材导入。

2 为素材添加【马赛克拼贴】完成绘制。

3 使用【文件】→【存储】命令将文件保存。

操作步骤

1 新建一个Illustrator文件。

2 弹出的【新建文档】对话框中所有的参数都采用默认设置，直接单击【确定】按钮，生成一个新的空白文件。

3 执行菜单【文件】→【置入】命令，在弹出的【置入】对话框中，找到需要导入的"素材文件\第8章\马赛克效果.jpg"文件，取消【链接】选项的选择，单击【置入】按钮将文件导入。

 提示 取消【链接】与【模板】选项的选择后，图片以默认的嵌入方式被导入到文件内，并且只有被嵌入进来的图像才可以执行【马赛克拼贴】效果。

4 单击【选择】工具，将置入进来的图像调整到适当的位置，如图8-15所示。

5 选中置入的对象，执行菜单【效果】→【纹理】→【马赛克拼贴】命令，在弹出的【马赛克拼贴】对话框中调整相应的属性，如图8-16所示。

图8-15　置入的素材文件

图8-16　调整【马赛克拼贴】的参数

6 调整后的效果如图8-17所示。

7 单击【文字】工具，在画布中输入"中秋快乐！"，并通过【字符】调板调整文字的属性，最终完成的效果如图8-18所示。

图8-17 执行【马赛克拼贴】后的效果 图8-18 最终完成的效果

8 选择菜单【文件】→【存储】命令，将文件保存为"马赛克拼贴效果.ai"。

8.3 提高——自己动手练

下面通过两个实例的制作继续巩固前面所学的知识，请读者根据操作提示自己动手练习。

8.3.1 素描效果

本案例介绍的是素描效果的海报绘制，通过本例的操作使读者全面掌握素描效果的应用。

最终效果

本例的最终效果如图8-19所示。

解题思路

1 使用【置入】命令将素材导入。

2 为素材添加【绘画笔】、【粗糙蜡笔】效果。

3 为画面添加适当的文字。

4 使用【文件】→【存储】命令将文件保存。

操作提示

1 新建一个Illustrator文件。

2 弹出的【新建文档】对话框中将文档设置为A4大小，直接单击【确定】按钮，生成一个新的空白文件。

图8-19 最终效果

3 使用菜单【文件】→【置入】命令，将"素材文件\第8章\素描效果.jpg"文件以嵌入的方式导入，适当缩放其大小，并移动到适当的位置，如图8-20所示。

4 选中对象，执行【效果】→【素描】→【绘画笔】命令，在弹出的对话框中调整相应的参数，完成的效果如图8-21所示。

图8-20　置入的素材文件

图8-21　执行【绘画笔】后的效果

5 选中对象，执行【效果】→【艺术效果】→【粗糙蜡笔】命令，在弹出的对话框中调整相应的参数，完成的效果如图8-22所示。

6 在画布中绘制椭圆，并设置填充色为橘色，无描边。

7 选中绘制的椭圆，执行【效果】→【扭曲和变换】→【收缩和膨胀】命令，在弹出的对话框中进行相应的参数设置。完成后的效果如图8-23所示。

图8-22　执行【粗糙蜡笔】后的效果

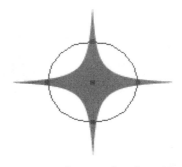

图8-23　执行【收缩和膨胀】后的椭圆

8 复制多个星形对象，更改其颜色，并适当地调整星形的大小，效果如图8-24所示。

9 使用【文字】工具，在画布中适当的位置输入文字"VOGUE"、"Audrey Hepburn"，并通过【字符】调板调整文字的属性，完成最终的绘制，效果如图8-25所示。

图8-24　复制的星形

图8-25　完成后的效果

8.3.2　齿轮

通过本例中齿轮的绘制，使读者更加熟练地掌握使用Illustrator的效果制作出来更加精美的效果。

最终效果

本例的最终效果如图8-26所示。

图8-26　最终效果

解题思路

1　使用【椭圆】、【矩形】工具完成基本图形的绘制。

2　通过【路径查找器】调板完成图形编辑。

3　使用【凸出与斜角】命令完成最终效果。

操作提示

1　新建一个Illustrator文件。

2　弹出的【新建文档】对话框中所有的参数都采用默认设置，直接单击【确定】按钮，生成一个新的空白文件。

3 选择【显示网格】命令，在画布中显示网格。

4 在画布中适当的位置绘制一个正圆和一个矩形，如图8-27所示。

5 将绘制的矩形进行旋转复制，如图8-28所示。

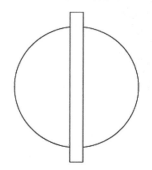 

图8-27　绘制的正圆和矩形　　　　图8-28　旋转复制后的效果

6 使用【选择】工具，拖拽鼠标选择对象。

7 通过【路径查找器】调板中的【联集】命令，完成如图8-29所示的效果。

8 在画布中适当的位置绘制一个正圆，如图8-30所示。

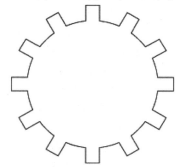 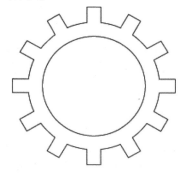

图8-29　使用【联集】命令后的效果　　　图8-30　绘制的正圆

9 使用【选择】工具，拖拽鼠标选择对象。

10 通过【路径查找器】调板中的【差集】命令，完成如图8-31所示的效果。

11 单击【选择】工具，选中图形后，使用【色板】调板中的线性渐变1，效果如图8-32所示。

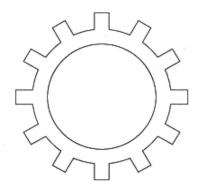 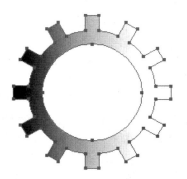

图 8-31　使用【差集】命令后的效果　　　图 8-32　使用线性渐变 1 的效果

12 为图形执行【效果】→【3D】→【凸出和斜角】命令，在弹出的对话框中进行相应的参数设置。完成后的效果如图8-33所示。

图8-33 完成后的效果

8.4 答疑与技巧

问 为什么Illustrator导出的图片在Photoshop里打开时颜色会差别很大？

答 其实这个问题主要出在导出的图片在Photoshop软件和Illustrator软件当中的颜色设置的不对应。打开Photoshop软件，选择【编辑】→【颜色设置】命令；同样再打开Illustrator软件，选择【编辑】→【颜色设置】命令；对照着看一下两个软件当中颜色设置（比如RGB颜色模式、CMYK颜色模式等）是否一样。如果发现Illustrator软件中CMYK的颜色与Photoshop软件中的不对应，那么就将它们改成一样的就可以了。

问 在Illustrator CC中有不同的颜色模式，各种颜色的用途有哪些？

答 对于设计图像采用什么模式要看设计图像的最终用途。如果设计的图像要在印刷纸上打印或印刷，最好采用CMYK色彩模式，这样在屏幕上所看见的颜色和输出打印颜色或印刷的颜色比较接近。如果设计是用于电子媒体显示，图像的色彩模式最好用RGB模式，因为RGB模式的颜色更鲜艳、更丰富，画面更好看，而且数据量小，所占磁盘空间也比较小。如果图像是灰色的，则用GrayScale模式较好，因为即使用RGB或CMYK色彩模式表达图像，看起来仍然是中性灰颜色，但其磁盘空间却大得多。另外灰色图像如果要印刷，如用CMYK模式表示，出菲林及印刷时有四个版，费用大，还可能引起偏色问题，当有一色印刷墨量过大时，会使灰色图像产生色偏。

问 在日常使用中，经常会遇到新、老版本的兼容问题以及与其他软件的兼容问题，这时该怎么办？

答 随着软件的不断发展以及功能的增加，软件的新、老版本之间就会发生变化，在实际中就会产生不能完全通用的现象，"兼容性问题"也就随之产生。本书使用的软件是Illustrator CC版本，如果使用其他版本，就会出现上下不兼容的情况。最普遍的解决方法就是在"存储为"选项里选择格式为EPS这个矢量的通用格式，EPS格式还可以和其他软件公司的矢量软件互换。

结束语

　　本章主要讲解了使用Illustrator CC的效果处理，其中详细讲解了效果的应用和一些相应的应用规则，以及一些精美案例的操作。通过本章的学习，读者能够熟练地掌握Illustrator CC效果的使用，并熟练运用Illustrator CC绘制出精美的图像。

Chapter 9

第9章
企业VI设计

本章要点

入门——基本概念与基本操作

- 关于VI
- VI的要素
- VI的作用

进阶——典型实例

- VI设计——台历
- VI设计——易拉宝

- VI设计——企业服装设计

提高——VI树形图

本章导读

在CI设计系统中，视觉识别（VI）设计是最外在、最直接、最具传播力和感染力的部分。VI设计是将企业标志的基本要素，以强力方针及管理系统有效地展开，形成企业固有的视觉形象，并通过视觉符号的统一化来传达精神与经营理念，有效地推广企业及其产品的知名度和形象。本章将通过实例讲解，介绍视觉识别设计要素的应用。

9.1 入门——基本概念与基本操作

下面我们就来了解一下VI的含义以及VI的要素和作用。

9.1.1 关于VI

VI即Visual Identity，通常译为视觉识别，是CIS最具传播力和感染力的部分。它将CI的非可视内容转化为静态的视觉识别符号，以无比丰富多样的应用形式，在最为广泛的层面上，进行最直接的传播。设计到位、实施科学的视觉识别系统，是传播企业经营理念、建立企业知名度、塑造企业形象的快速便捷之途，是运用系统的、统一的视觉符号系统对外传达企业的经营理念与情报信息，是企业识别系统中最具有传播力和感染力的要素，它接触的层面非常广泛，可快速而明确地达成认知与识别的目的。视觉识别是静态识别符号具体化、视觉化的传达形式，其项目较多，层面较广，效果更直接。视觉识别是以企业标志、标准字体、标准色彩为核心展开的完整、体系的视觉传达体系，是将企业理念、文化特质、服务内容、企业规范等抽象语意转换为具体符号的概念，塑造出独特的企业形象。

世界上一些著名的跨国企业，如美国通用、可口可乐、日本佳能、中国银行等，无一例外都建立了一整套完善的企业形象识别系统，他们能在竞争中立于不败之地，与科学有效的视觉传播不无关系。近20年来，国内一些企业也逐渐引进了形象识别系统，从最早的太阳神、健力宝，到后来的康佳、创维、海尔，也都在实践中取得了成功。在中国新兴的市场经济体制下，企业要想长远发展，有效的形象识别系统必不可少，这也成为企业腾飞的助跑器。

9.1.2 VI的要素

视觉识别系统分为基本要素系统和应用要素系统两方面。

- **基本要素系统主要包括：** 企业名称、企业标志、标准字、标准色、象征图案、宣传口语、市场行销报告书等。
- **应用要素系统主要包括：** 办公事务用品、生产设备、建筑环境、产品包装、广告媒体、交通工具、衣着制服、旗帜、招牌、标识牌、橱窗、陈列展示等。

9.1.3 VI的作用

VI设计一般包括基础部分和应用部分两大内容。一个优秀的VI设计对一个企业的作用表现在以下4个方面。

（1）在明显地将该企业与其他企业区分开来的同时又确立该企业明显的行业特征或其他重要特征，确保该企业在经济活动当中的独立性和不可替代性；明确该企业的市场定位，属于企业无形资产的一个重要组成部分。

（2）传达该企业的经营理念和企业文化，以形象的视觉形式宣传企业。

（3）以特有的视觉符号系统吸引公众的注意力并产生记忆，使消费者对该企业所提供的产品或服务产生最高的品牌忠诚度。

（4）提高该企业员工对企业的认同感，提高企业士气。

9.2 进阶——典型实例

9.1节具体介绍了VI的应用领域和VI设计的特点，使读者对VI设计有了一定的了解，下面通过一些典型实例巩固所学知识。

9.2.1 VI设计——台历

本例主要讲解VI设计中台历的绘制。在绘制过程中，综合运用了文件的基本操作、【矩形】工具、【钢笔】工具、【文字】工具等。通过本例的学习，希望读者能够熟练掌握台历的设计制作步骤。

最终效果

本例的最终效果如图9-1所示。

图9-1　最终效果

解题思路

1　使用【矩形】、【钢笔】、【直接选取】等工具绘制台历的基本外形。

2　置入相应的素材并进行编辑。

3　使用【颜色】、【渐变】调板进行颜色的填充。

4　使用【文字】工具进行相应文字的添加。

操作步骤

1　启动Illustrator CC。

2　选择菜单【文件】→【新建】命令，在弹出的【新建文档】对话框中，采用所有的默认设置选项，直接单击【确定】按钮，生成一个新的空白文件。

3　单击【矩形】工具，在画布中合适的位置拖拽鼠标绘制一个矩形，通过【颜色】调板设置填充属性（C：0、M：50、Y：100、K：0）。

4 单击【选择】工具，选中绘制的矩形进行复制，将复制后的对象填充调整成白色，并调整为适当的大小，如图9-2所示。

5 单击【选择】工具，选中矩形。选择菜单【效果】→【风格化】→【羽化】命令，弹出【羽化】对话框，在对话框中进行如图9-3所示的参数设置，单击【确定】按钮。羽化后的效果如图9-4所示。

图9-2　复制后的矩形

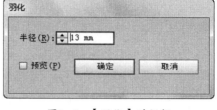

图9-3　【羽化】对话框

图9-4　羽化后的效果

图9-5　绘制的图形

6 单击【钢笔】工具，在画布中绘制如图9-5所示的图形。通过【渐变】调板设置对象的填充属性为橙色（C：0、M：50、Y：100、K：0）至灰色（40%）的线性渐变，设置后的效果如图9-5所示。

7 单击【选择】工具，将设置渐变后的图形移动到合适的位置，如图9-6所示。

8 单击【钢笔】工具，绘制如图9-7所示的图形，填充属性同步骤5，通过【选择】工具对绘制好的图形进行移动，选择菜单【对象】→【编组】命令，效果如图9-8所示。

图9-6   调整位置后的效果

图9-7   【钢笔】工具绘制的图形

图9-8   组合后的图形效果

9 单击【选择】工具，将编组后的图形移动到如图9-9所示的位置，通过【钢笔】工具和【矩形】工具绘制台历的转轴，如图9-10所示。

图9-9   移动图形到适合的位置

图9-10   转轴效果

10 单击【选择】工具，拖拽鼠标选择台历的转轴图形，按住【Alt】键不放拖拽鼠标到合适的位置，按【Ctrl+D】组合键，执行【再次变换】命令，重复转轴图形的复制操作，效果如图9-11所示。

图9-11   复制后的效果

11 单击【选择】工具，拖拽鼠标选择组合成台历转轴的图形。选择菜单【对象】→【编辑】命令，将其移动到如图9-12所示的位置，按住【Alt】键不放拖拽鼠标到合适的位置，按【Ctrl+D】组合键，执行【再次变换】命令，重复图形的复制操作，效果如图9-13所示。

图9-12 移动图形到合适的位置

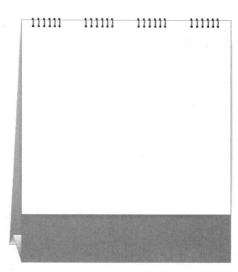

图9-13 复制后的效果

12 通过【置入】命令，置入"素材文件\第9章\图片素材.jpg"文件，并调整图片大小后移动至合适的位置，单击【矩形】工具，绘制矩形，完成后效果如图9-14所示。

13 单击【文字】工具，在画布中合适的位置输入文字，并通过【字符】调板设置文字的字体及字号，通过【选择】工具将文字移动至如图9-15所示的位置。

图9-14 置入图片绘制矩形后的效果

图9-15 台历效果图

9.2.2　VI设计——易拉宝

通过本例的制作了解易拉宝的设计制作流程。

最终效果

本例的最终效果如图9-16所示。

解题思路

1　使用【矩形】、【圆角矩形】、【钢笔】等工具绘制易拉宝基本外形。

2　将Logo文件置入，并调整至适当的位置。

3　使用【文字】工具进行相应文字的添加。

操作步骤

1　启动Illustrator CC。

2　选择菜单【文件】→【新建】命令，在弹出的【新建文档】对话框中，采用所有的默认设置选项，直接单击【确定】按钮，生成一个新的空白文件。

3　单击【矩形】工具，在画布中创建矩形。

4　单击【选择】工具，选中矩形，进行复制后调整适合的大小，并通过【颜色】调板设置对象的填充属性为（C：0、M：100、Y：100、K：0），如图9-17所示。

5　单击【选择】工具，选择矩形进行复制，并通过【颜色】调板设置填充属性为（C：0、M：50、Y：100、K：0），如图9-18所示。

图9-16　最终效果

图9-17　绘制好的矩形

图9-18　绘制好的矩形

6　单击【圆角矩形】工具，在画布中绘制圆角矩形，并通过【渐变】调板设置圆角矩形的填充属性，如图9-19所示。

7　单击【矩形】工具，在画布中绘制矩形，通过【颜色】调板设置矩形的轮廓颜色为无色，填充色属性中的K值为45%。

8　单击【选择】工具，将矩形移动到适当的位置，如图9-20所示。

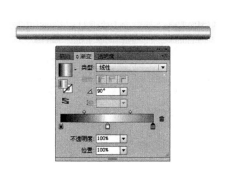

图9-19　调整渐变效果后的圆角矩形　　　　　　　　图9-20　调整位置后的效果

9 单击矩形工具，依次绘制出如图9-21所示的图形，通过【颜色】调板分别设置填充属性，通过【选择】工具将绘制好的矩形移动到合适的位置。

10 将绘制好的矩形编组，进行复制后移动到适当的位置，如图9-22所示。

图9-21　依次绘制矩形　　　　　　　　　　图9-22　移动到合适的位置

11 单击【圆角矩形】工具，在画布中绘制圆角矩形。

12 单击【倾斜】工具，指向绘制好的圆角矩形拖拽鼠标，倾斜后的效果如图9-23所示。

13 单击【选择】工具，选择倾斜后的圆角矩形，选择菜单【编辑】→【复制】命令，再选择菜单【编辑】→【贴到后面】命令，通过【颜色】调板调整对象的填充属性为黑色，效果如图9-24所示。

图9-23　倾斜后的效果　　　　　　　　　图9-24　调整后的效果

14 单击【选择】工具，拖拽鼠标选择倾斜后的两个圆角矩形，选择菜单【对象】→【编组】命令。

15 单击【镜像】工具，按住【Alt】键不放，单击镜像的中心点，弹出【镜像】对话框，在对话框中进行如图9-25所示的参数设置，单击【复制】按钮。复制后的效果如图9-26所示。

图9-25 【镜像】对话框

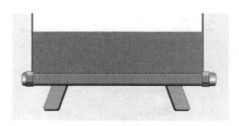

图9-26 复制后的效果

16 单击【圆角矩形】工具，在画布中绘制圆角矩形。

17 通过【渐变】调板设置圆角矩形的填充属性，如图9-27所示。通过【选择】工具将填充后的圆角矩形移动到如图9-28所示的位置。

图9-27 【渐变】调板

图9-28 移到合适的位置

18 通过【打开】命令，打开"本书案例文件\09\VI标志.ai"文件，将文件中的图形复制到当前文件，调整至适当的大小并移动到合适的位置，如图9-29所示。

19 单击【文字】工具，在画布中输入文字，如图9-30所示。

图9-29 移动标志到合适的位置

图9-30 输入文字

20 完成后的效果如图9-31所示。

图9-31　完成后的效果

9.2.3　VI设计——企业服装设计

通过本例的制作可以了解企业员工服装、领带等的设计制作流程。

最终效果

本例的最终效果如图9-32所示。

图9-32　最终效果

解题思路

1　使用【钢笔】、【直接选取】等工具绘制衣服的外形。

2　使用【椭圆】、【钢笔】等工具为衣服添加细节。

3　将Logo文件置入，并调整至适当的位置。

操作步骤

1 启动Illustrator CC。

2 选择菜单【文件】→【新建】命令，在弹出的【新建文档】对话框中，采用所有的默认设置选项，直接单击【确定】按钮，生成一个新的空白文件。

3 单击【钢笔】工具，在画布中适当的位置绘制如图9-33所示的图形。

4 单击【钢笔】工具，在画布中绘制如图9-34所示的图形，通过【颜色】调板设置对象的填充属性为蓝色。

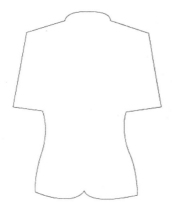

图9-33　绘制的图形

图9-34　绘制的袖口图形

5 单击【选择】工具，选择刚绘制的路径。

6 单击【镜像】工具，按住【Alt】键不放，单击镜像的中心点，弹出【镜像】对话框，在对话框中进行如图9-35所示的参数设置，设置完成后单击【复制】按钮。镜像复制后的效果如图9-36所示。

图 9-35　【镜像】对话框

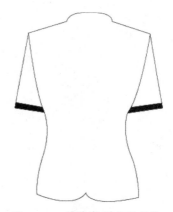

图 9-36　镜像复制后的效果

7 单击【钢笔】工具，在画布中合适的位置绘制衣领图形，通过【颜色】调板设置对象的填充属性分别为标准蓝色和白色。

8 单击【选择】工具，将其移动到如图9-37所示的位置。

图9-37　绘制的衣领图形

9 通过【直线】工具和【椭圆】工具，绘制上衣的扣子图形，如图9-38所示。

10 通过【矩形】工具和【文字】工具，绘制胸牌。

11 通过【打开】命令，打开"本书案例文件\09\VI标志.ai"文件，通过【选择】工具将标志移动到如图9-39所示的位置，胸牌设计完成。

图9-38　绘制上衣扣子　　　　　　　　图9-39　绘制胸牌

12 单击【选择】工具，拖拽鼠标选择胸牌所包含的所有图形。选择【菜单】→【对象】→【编组】命令，将编组后的图形移动到如图9-40所示的位置。

图9-40　将胸牌移动到适当的位置

13 通过【钢笔】工具、【转换点】工具和【直接选取】工具，绘制如图9-41所示的图形，通过【颜色】调板设置对象的填充属性为标准蓝色。

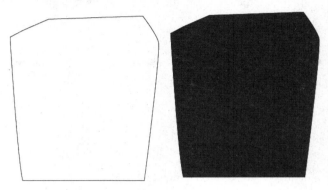

图9-41　绘制的图形和设置填充属性后的效果

14 单击【选择】工具，将绘制好的图形移动到合适的位置，选择菜单【对象】→【排列】→【至于底层】命令，如图9-42所示。

15 单击【钢笔】工具，在画布中绘制图形，如图9-43所示。通过【转换点】工具和【直接选取】工具可对绘制好的路径进行修改，效果如图9-44所示。

图9-42　置于底层后的效果　　图9-43　绘制的图形　　图9-44　绘制的外衣轮廓

16 单击【钢笔】工具，绘制如图9-45所示的上衣领口，通过【直接选取】工具和【转换点】工具对绘制好的路径进行修改。

17 利用【钢笔】工具绘制如图9-46所示的图形，通过【直接选取】工具和【转换点】工具对绘制好的路径图形进行修改。

图9-45　绘制上衣领口　　　　　　　图9-46　绘制的图形

18 通过【钢笔】工具和【直接选取】工具，在画布中绘制如图9-47所示的图形，通过【颜色】调板调整其填充色为（C：0、M：0、Y：0、K：30）。

19 单击【选择】工具，单击选择标志，拖拽鼠标复制到如图9-48所示的位置，并调整为适当的大小。

图9-47　绘制的图形　　　　　　图9-48　标志图形的放置位置

20 单击【选择】工具，拖拽鼠标选择领带的所有图形。选择菜单【对象】→【编组】命令，将编组后的图形移动到合适的位置，效果如图9-49所示。

21 单击【钢笔】工具，绘制上衣的口袋图形。

22 单击【选择】工具，单击选择胸牌图形，按住【Alt】键不放，拖拽鼠标放到如图9-50所示的位置。

图9-49　调整领带的位置　　　　图9-50　绘制的上衣口袋图形

23 通过【钢笔】工具、【转换点】工具和【直接选取】工具，绘制裤子的图形，通过【颜色】调板设置填充属性为40%的灰色，如图9-51所示。

24 单击【钢笔】工具，在画布中依次绘制如图9-52所示的图形。

25 单击【镜像】工具，在画布中按住【Alt】键不放，单击定位镜像中心点，弹出【镜像】对话框，在对话框中设置相应的参数，设置完成后单击【复制】按钮，效果如图9-53所示。

26 单击【选择】工具，拖拽鼠标选择图形。选择菜单【对象】→【编组】命令，将编组后的图形移动到合适的位置。

27 单击【矩形】工具，绘制腰带。完成的最终效果如图9-54所示。

图9-51　绘制裤子图形　　　　图9-52　绘制的图形

图9-53　镜像复制后的效果　　　图9-54　最终效果图

9.3 提高——VI树形图

通过本例的制作来了解VI设计的制作。

▌最终效果▐

本例的最终效果如图9-55所示。

▌解题思路▐

1　使用【钢笔】工具绘制大树图形。

2　在合适位置输入文字。

3　将相应的图像导入至合适位置，完成最终效果。

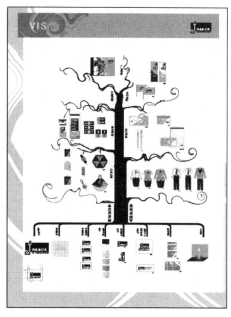

图9-55　最终效果

操作提示

1　启动Illustrator CC。

2　选择菜单【文件】→【新建】命令，在弹出的【新建文档】对话框中，采用所有的默认设置选项，直接单击【确定】按钮，生成一个新的空白文件。

3　导入竖式的辅助图形，并调整至合适的位置，如图9-56所示。

4　使用【钢笔】工具、【直接选择】工具、【添加锚点】工具、【删除锚点】工具、【转换点】工具绘制如图9-57所示的图形，并将绘制的图形编组。

图9-56　置入的辅助图形

图9-57　绘制的树状图形

5　使用【矩形】工具在画布中适当的位置绘制矩形，并调整至适当的位置，效果如图9-58所示。

图9-58　绘制的矩形

6 使用【文字】工具，在适当的位置输入交通工具、办公用品、吉祥物、企业服装等文字，并调整至适当的位置，如图9-59所示。

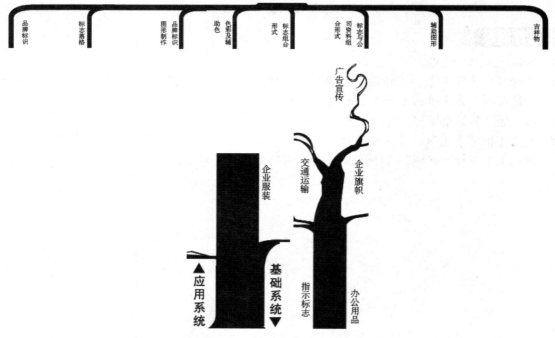

图9-59　输入文字后的效果

7 导入"素材文件\第9章\VI树状图需要.ai"文件，并将图形分别调整至适当的位置，如图9-60所示。

8 使用【矩形】工具，在画布中适当的位置绘制矩形，将辅助图形置入并调整至合适的位置，如图9-61所示。

9 使用【文字】工具，在适当的位置输入文字VIS，如图9-62所示。

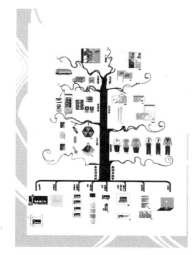

图9-60　将导入的图形调整至合适的位置

图9-61　调整后的图形

图9-62　输入文字

10 将标志图形导入并调整至如图9-63所示的位置。

图9-63　导入标志后的效果

11 完成后的效果如图9-64所示。

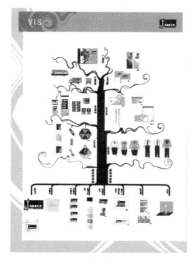

图9-64　完成后的效果

9.4 答疑与技巧

问 在进行大量的图形绘制时，由于需要编辑的图形过多，操作上十分不便利，用什么方法可以解决这样的问题吗？

答 在进行大量的图形编辑时，为了避免妨碍其他图形的编辑，有时也可以将已做好、暂时不用的图形隐藏起来，选择菜单【对象】→【隐藏】→【所选对象】命令即可。当对象被隐藏后，可通过菜单【对象】→【显示全部】命令，将所有被隐藏的对象全部显示出来。

问 在进行VI设计的时候，如何能够让设计更加完美呢？

答 首先我们的设计要以遵循基本的审美规律为原则。由于VI设计涉及的内容较多，如办公用品、礼品、服装等，这时候我们需要注意整体的设计风格要统一；设计要有强烈的视觉冲击；设计风格人性化同时也要遵循增强民族个性与尊重民族风俗的原则及可实施性原则。VI设计不是设计师的异想天开，而是要求具有较强的可实施性。如果在实施性上过于麻烦，或因成本昂贵而影响实施，再优秀的VI设计也会由于难以落实而成为空中楼阁、纸上谈兵。

结束语

本章详细讲解了使用Illustrator CC来进行VI设计，其中包括VI的概念、VI的要素、VI的作用等基础知识以及一些经典案例的操作。通过本章的学习，读者能够熟练地掌握Illustrator CC的综合使用，并熟练运用Illustrator CC绘制出精美实的VI设计。

Chapter 10

第10章
招贴设计

本章要点

入门——基本概念与基本操作

- 招贴的分类
- 招贴的基本特点
- 招贴的设计法则

进阶——典型实例

- 公司招聘招贴
- 南非世界杯招贴

提高——百货公司喜庆开业招贴

本章导读

招贴又称海报或宣传画，是一种应用十分广泛的平面广告。由于招贴的尺寸远远超过了报纸和广告，而且远视效果也能吸引人的注意力，因此招贴在现在的宣传媒介中占有很重要的位置。

10.1 入门——基本概念与基本操作

下面我们就来了解一下招贴的分类及其基本特点。

10.1.1 招贴的分类

招贴分为公共招贴、商业招贴、文化招贴三大类。

🔍 **公共招贴：** 其中包含了社会政治招贴、社会公益招贴和社会活动招贴，如图10-1所示。

图10-1　公共招贴

🔍 **商业招贴：** 包括各类商品的宣传、展销、树立企业形象，以及观光旅游、交易会、邮电、交通、保险等方面的内容，如图10-2所示。

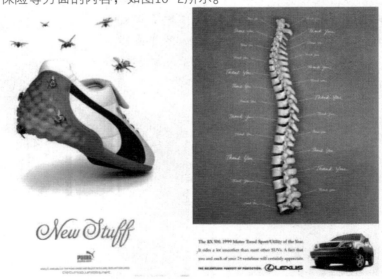

图10-2　商业招贴

[🔍] **文化招贴**：包括科技、教育、文学艺术、新闻出版、文物、体育等方面的广告，如图10-3所示。

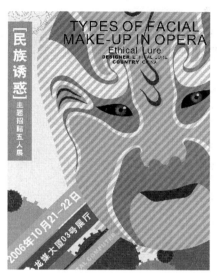

图10-3　文化招贴

10.1.2　招贴的基本特点

招贴相比其他广告具有画面大、远视强、艺术性高的特点。

[🔍] **画面大**：招贴不是捧在手上的设计，而是要粘贴在热闹场所，它受到周围环境和各种因素的干扰，所以必须以大画面及突出的形象和色彩展现在人们面前。其画面尺寸有全开、对开、长三开及特大画面（八张全开等）。

[🔍] **远视强**：为了使来去匆匆的人们留下印象，除了面积大之外，招贴设计还要充分体现定位设计的原理。以突出的商标、标志、标题、图形、对比强烈的色彩，或大面积的空白、简练的视觉流程，使其成为视觉的焦点。如果就形式上区分广告与其他视觉艺术的不同，招贴可以说更具广告的典型性。

[🔍] **艺术性高**：就招贴的内容形状而言，它包含了商业和非商业方面的种种广告。就每张招贴而言，其针对性又很强。商业中的商品招贴，往往以具有艺术表现力的摄影、造型写实的绘画和漫画形式表现居多，给消费者留下真实感人的画面和富有幽默情趣的感受。而非商业的招贴，内容广泛、形式多样，艺术表现力丰富。特别是文化艺术类的招贴画，根据广告的主题，可充分发挥想象力，尽情地施展艺术手段。许多追求形式美的画家，都积极投身到招贴画的设计中，并且在自己的设计中，用绘画语言设计出风格各异、形式多样的招贴画。

10.1.3　招贴的设计法则

招贴的设计法则主要包括新奇、简洁、夸张、冲突和张力。

[🔍] **新奇**：任何媒体都需要新奇，但招贴要求更高，特别需要视觉传达的异质点；若创意不新奇，必定在户外广告的海洋中淹没，如图10-4所示。

[🔍] **简洁**：越是"简洁"的招贴，主题越突出，焦点越集中，内容越丰富；画面只有"更少"，才能达到"更多"，也就是平时所说的"以一当十"，如图10-5所示。

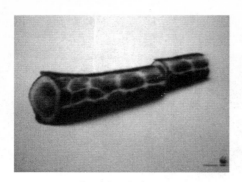

图10-4　新奇

图10-5　简洁

夸张：夸张是招贴的特殊手法，这种手法的产生，力图使招贴在远处发挥强烈的传达作用，因此需要调动夸张、幽默、特写等表现手法，醒目地揭示主题，鲜明地表现消费者的需求，如图10-6所示。

冲突："冲突"也是对比，包括两方面，一是形式节奏上的冲突，二是内容矛盾上的冲突。商业性的招贴可强调形式节奏的冲突，公益性的招贴可强调内容矛盾的冲突，有冲突就有刺激，就会引人注目，如图10-7所示。

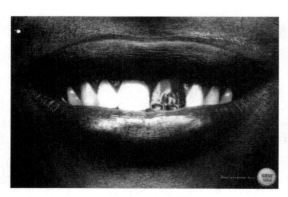

图10-6　夸张

图10-7　冲突

张力：招贴艺术的"张力"法则，是指招贴画面在构成上要很和谐，要高度"单纯"化，"焦点"要集中，切忌画面散乱，结构松弛，以免影响视觉传达上的穿透力，如图10-8所示。

图10-8　张力

10.2 进阶——典型实例

10.1节具体介绍了招贴的应用领域和招贴设计的特点，使读者对广告招贴有了一定的了解，下面通过一些典型实例巩固所学知识。

10.2.1 公司招聘招贴

本例主要讲解公司招聘招贴的设计与制作。在绘制过程中，综合运用了文件的基本操作、【钢笔】工具、【文字】工具等。通过本例的学习，希望读者能够熟练掌握招贴的设计制作步骤。

▌最终效果▐

本例的最终效果如图10-9所示。

▌解题思路▐

1 使用【钢笔】工具绘制基本图形。
2 使用【文字】工具进行文字排版。
3 使用【文件】→【存储】命令将文件保存。

▌操作步骤▐

1 新建一个Illustrator文件。
2 在弹出的【新建文档】对话框中设置新建文档配置文件的大小为A4，单位为毫米，出血均为2mm，如图10-10所示。

图10-9 最终效果

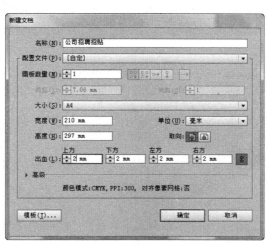

图10-10 【新建文档】对话框

3 单击【钢笔】工具，在画布中合适的位置绘制如图10-11所示的图形，通过【渐变】调板设置对象的填充属性，如图10-12所示。

4 单击【钢笔】工具，分别绘制如图10-13、图10-14所示的图形，使用【渐变】调板分别调整图形的填充属性，并单击菜单中的【对象】→【编组】命令将绘制图形编组。

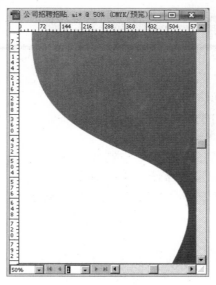

图10-11 绘制的图形

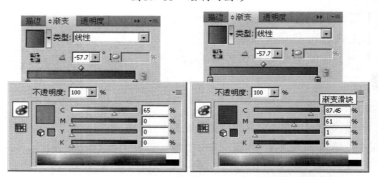

图10-12 【渐变】调板

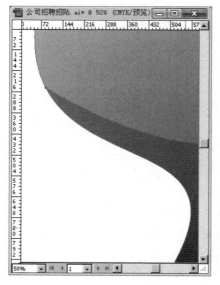

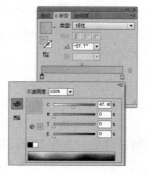

图10-13 绘制的图形

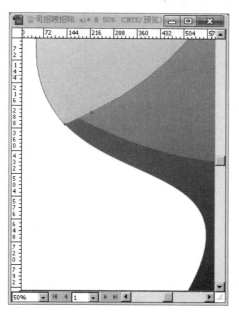
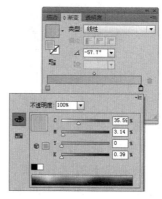

图10-14 绘制的图形

5 单击【钢笔】工具，在画布中合适的位置绘制如图10-15所示的图形，使用【渐变】调板设置对象的填充颜色，如图10-16所示。

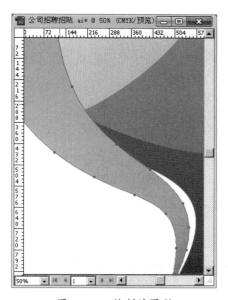

图10-15 绘制的图形

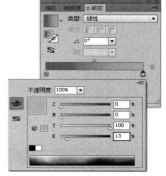

图10-16 【渐变】调板

6 单击【钢笔】工具，在画布中合适的位置绘制如图10-17所示的图形，并通过【渐变】调板设置淡黄色（C：0、M：0、Y：99、K：2）到白色的渐变。

7 使用【钢笔】工具，绘制如图10-18所示的线条，并通过【渐变】调板调整线条的填充属性，颜色可参照图10-14的【渐变】调板进行设置。

图10-17　绘制的图形

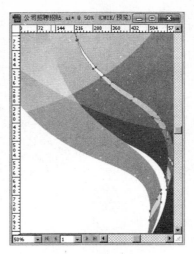

图10-18　绘制的图形

8 按照前面的方法使用【钢笔】工具，依次绘制出不同走向的流畅线条组合。调整线条相应的填充属性后，使用菜单【对象】→【编组】命令将绘制好的线条编组，效果如图10-19所示。

9 单击【钢笔】工具，在画布中适当的位置绘制一个立体的箭头，调整箭头的填充色值分别为（C：14、M：1、Y：100、K：3）、（C：23、M：1、Y：100、K：44），调整后的效果如图10-20所示。将调整好的箭头图形通过【对象】→【编组】命令编组。

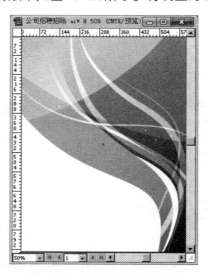

图10-19　绘制线条后的效果

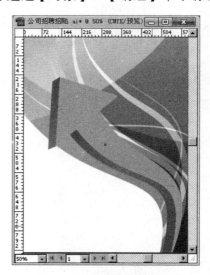

图10-20　绘制好的箭头

10 单击【钢笔】工具，在画布中适当的位置绘制脚印图形，并调整脚印的渐变填充属性为淡绿色（C：65、M：0、Y：96、K：0）到白色的渐变，如图10-21所示。

11 选中绘制好的脚印图形，按住【Alt】键不放，单击鼠标拖曳，复制脚印图像，使用【对象】→【变换】→【对称】调整脚印图形的方向，重复操作，复制多个脚印的图形，并调整脚印的方向及大小，完成的效果如图10-22所示。

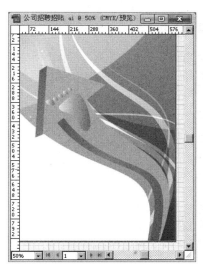

图10-21 绘制好的脚印

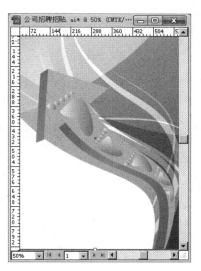

图10-22 复制的脚印

12 使用【文字】工具，在画布中合适的位置输入文字，通过【字符】调板设置文字的属性，效果如图10-23所示。

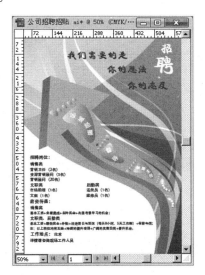

图10-23 输入文字后的效果

13 选择菜单【文件】→【存储】命令，将文件保存为"公司招聘招贴.ai"。

10.2.2 世界杯招贴

本例主要讲解南非世界杯招贴设计的制作流程。在设计过程中，运用了文件的基本操作、基本绘图工具和【文字】工具等。通过本例的学习，希望读者进一步掌握【钢笔】工具、【剪切蒙版】等工具的使用方法，并能做到灵活应用。

最终效果

本例最终效果如图10-24所示。

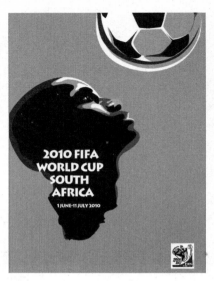

图10-24 最终效果

解题思路

1 使用【钢笔】工具绘制图形。
2 使用【置入】命令将所需的素材导入。
3 使用【剪切蒙版】命令完成世界杯Logo的修改。
4 使用【文字】工具进行文字排版。
5 使用【文件】→【存储】命令将文件保存。

操作步骤

1 新建一个Illustrator文件。
2 在弹出的【新建文档】对话框中设置新建文档配置文件的大小为A4，单位为毫米，出血均为2mm。如图10-25所示。

图10-25 【新建文档】对话框

3 单击【矩形】工具，在画布中适当位置绘制矩形，大小同画布大小，使用【颜色】调板设置矩形的填充色值为（C：4、M：31、Y：89、K：0），完成效果如图10-26所示。
4 单击【钢笔】工具，在画布中合适的位置依次绘制出如图10-27所示的图形，通过【颜色】调板调整图形的填充色值为（C：64、M：98、Y：100、K：62）。

图10-26　绘制的矩形

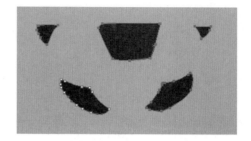

图10-27　绘制的图形

5 单击【钢笔】工具，在画布中合适的位置依次绘制出如图10-28所示的图形，通过【颜色】调板调整图形的填充色为白色。

6 单击【钢笔】工具，在画布中合适的位置依次绘制出如图10-29所示的图形，通过【颜色】调板调整图形的填充色值为（C：27、M：24、Y：28、K：0）。

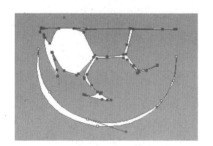

图10-28　绘制的图形

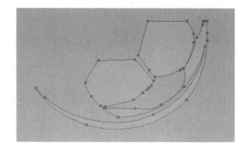

图10-29　绘制的图形

7 单击【钢笔】工具，在画布中合适的位置依次绘制出如图10-30所示的图形，通过【颜色】调板调整图形的填充色值为（C：38、M：100、Y：98、K：4）。

8 单击【选择】工具，将绘制好的图形拼合在一起，通过菜单中的【对象】→【编组】命令，为图形编组。移动编组后的图形至如图10-31所示的位置。

9 单击【钢笔】工具，在画布中合适的位置依次绘制出如图10-32所示的人像头部图形，通过【颜色】调板调整图形的填充色值为（C：63、M：98、Y：100、K：62）。

10 单击【钢笔】工具，在画布中合适的位置依次绘制出如图10-33所示的头发图形，通过【颜色】调板调整图形的填充色值为（C：38、M：100、Y：100、K：4）。

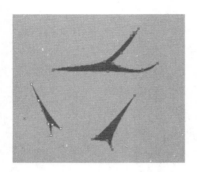

图10-30　绘制的图形

图10-31　编组后的图形

图10-32　绘制的图形

图10-33　绘制的图形

11 单击【钢笔】工具，在画布中合适的位置依次绘制出如图10-34所示的人像面部细节图形，通过【颜色】调板调整图形的填充色值为（C：75、M：3、Y：89、K：0）。

12 单击【钢笔】工具，在画布中合适的位置依次绘制出如图10-35所示的人像面部细节图形，通过【颜色】调板调整图形的填充色值为（C：34、M：4、Y：1、K：0）。

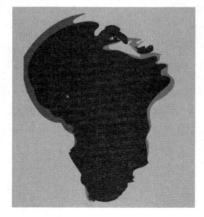

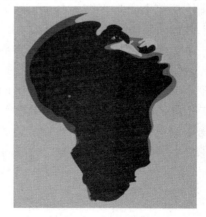

图10-34　绘制的图形

图10-35　绘制的图形

13 单击【钢笔】工具，在画布中合适的位置依次绘制出如图10-36所示的人像面部细节图形，通过【颜色】调板调整图形的填充色为白色。

14 将绘制好的头像选中，通过菜单【对象】→【编组】命令，为头像编组，将编组后的头像移动到如图10-37所示的位置。

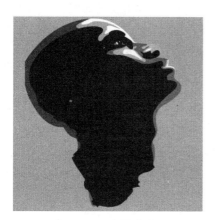

图10-36　绘制的图形

图10-37　将头像调整到合适的位置

15 使用【文字】工具，在画布中合适的位置输入文字，通过【字符】调板设置文字的属性，效果如图10-38所示。

16 通过【置入】命令，置入"本书案例文件\10\素材01.jpg"文件，如图10-39所示。

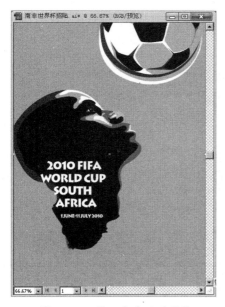

图10-38　输入文字后的效果

图10-39　置入的图形

17 单击【矩形】工具，在置入的"素材01"图形正上方绘制一个矩形，如图10-40所示。

18 将绘制的矩形和置入的"素材01"选中，使用菜单【对象】→【剪切蒙版】→【建立】命令，完成效果如图10-41所示。

图10-40 绘制的矩形

图10-41 建立剪切蒙版

19 将建立剪切蒙版后的"素材01"移动到合适的位置，完成招贴的绘制，选择菜单【文件】→【存储】命令，将文件保存为"南非世界杯招贴.ai"。最终效果如图10-42所示。

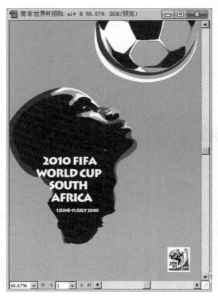

图10-42 世界杯招贴完成效果

10.3 提高——百货公司喜庆开业招贴

本例主要讲述百货公司喜庆开业的招贴制作流程。在设计过程中，读者应掌握招贴设计的基本原则：主题突出；色彩鲜明；使人们在看到招贴画之后留下深刻的印象。

最终效果

本例的最终效果如图10-43所示。

图10-43 最终效果

解题思路

1. 使用【矩形】工具、【文字】工具绘制背景。
2. 使用【钢笔】工具绘制所需的素材。
3. 使用【置入】命令将所需的素材文件导入。
4. 使用【文字】工具进行文字排版。
5. 使用【文件】→【存储】命令将文件保存。

操作提示

1. 新建一个Illustrator文件。在弹出的【新建文档】对话框中设置新建文档配置文件的大小及单位等参数。
2. 使用【矩形】工具绘制矩形，其大小同画布大小。在【渐变】调板中设置填充属性，如图10-44所示。
3. 使用【文字】工具，输入"福"字，将文字整齐排列满绘制的矩形，通过【字符】调板调整文字的属性，再通过【透明度】调板调整文字的透明度为30%，并将文字调整为轮廓路径后编组，完成后的效果如图10-45所示。
4. 使用【椭圆】工具，在画布中适当的位置绘制椭圆，通过【颜色】调板调整图形的填充色值为（C：10、M：0、Y：83、K：0）并为椭圆添加羽化效果，如图10-46所示。

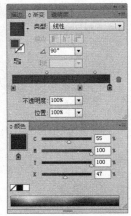

图10-44　绘制的图形

图10-45　调整文字后的效果

图10-46　羽化后的椭圆

5 使用【文字】工具，在画布中输入文字"起舞"，通过【字符】调板设置文字的属性，将文字调整为轮廓路径，并使用【渐变】调板设置填充属性，如图10-47所示。

6 重复步骤4的操作，在画布中绘制椭圆。通过【置入】命令，置入"本书案例文件\10\素材02.ai"文件，并调整至如图10-48所示的位置。

7 使用【钢笔】工具，在画布中合适的位置绘制图形并调整图形的填充属性，如图10-49所示。

图10-47　调整文字后的效果

图10-48　置入的图形

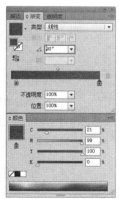

图10-49　绘制的图形

8 使用【钢笔】工具，在画布中合适的位置绘制图形，调整图形的填充属性，并将绘制好的图形进行镜像复制，如图10-50所示。

9 使用【钢笔】工具，在画布中适当的位置绘制图形，调整图形的填充属性。将调整后的图形进行镜像复制，并移动至适当的位置，调整镜像复制后图形的轮廓颜色为黑色，如图10-51所示。

10 通过【置入】命令，置入"本书案例文件\10\素材03.ai"文件，并调整至如图10-52所示的位置。

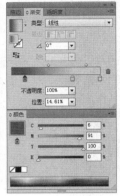

图10-50　绘制的图形

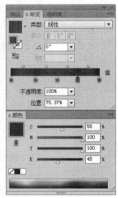

图10-51　绘制的图形　　　　　　　　　　　　　　　图10-52　置入的图形

11 使用【文字】工具，在画布中输入文字，通过【字符】调板设置文字的属性，将文字调整为轮廓路径，并使用【渐变】调板设置填充属性，如图10-53所示。

12 使用【钢笔】工具，在画布中适当的位置绘制舞蹈图形，调整填充色为黑色，如图10-54所示。

13 使用【钢笔】工具，在画布中适当的位置绘制飘带图形，调整填充色值为（C：16、M：99、Y：100、K：0），并将绘制好的图形编组，如图10-55所示。

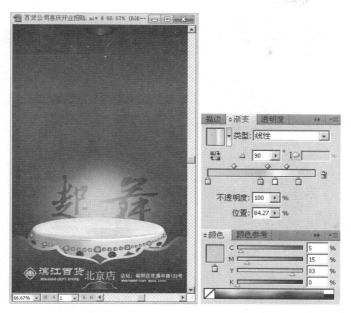

图10-53　调整文字后的效果

图10-54　绘制的图形

图10-55　绘制的图形

14 使用【光晕】工具，在画布中适当的位置绘制光晕，并将绘制的光晕编组，如图10-56 所示。

15 通过【置入】命令，置入"本书案例文件\10\素材04.ai"文件，并调整至如图10-57所示的位置。

图10-56　绘制的光晕

图10-57　置入的图形

16 使用【文字】工具，在画布中输入文字，通过【字符】面板调整文字的属性，如图 10-58所示。

17 使用【钢笔】工具，在画布中合适的位置绘制祥云图形，调整图形的填充色值为（C：5、M：4、Y：53、K：0），并将调整后的图形镜像复制，效果如图10-59所示。

图10-58　调整文字后的效果

图10-59　绘制的图形

18 使用【圆角矩形】工具，在画布中绘制圆角矩形，调整填充属性为无色，通过【描边】调板调整描边属性，效果如图10-60所示。

19 使用【直线】工具，在画布中文字处绘制直线。

20 选择菜单【文件】→【存储】命令，将文件保存为"百货公司喜庆开业招贴.ai"。完成效果如图10-61所示。

图10-60　绘制圆角矩形

图10-61　百货公司喜庆开业招贴完成效果

10.4 答疑与技巧

问 在绘制图形过程中，有什么办法可以避免操作时误选对象呢？

答 通过锁定对象可以避免操作时误选对象，也可以避免多个对象重叠在一起，当选择一个对象时，其他对象也被选择。当锁定某一图形对象时，该对象虽然仍位于它原来所在的位置，但不能被移动或者应用其他各种编辑命令。方法是选中需要锁定的对象，执行菜单【对象】→【锁定】→【所选对象】命令，即可将选择的对象进行锁定。

问 在招贴的绘制过程中，通常使用点文字来进行文字的输入，这时候使用什么办法来对齐文字呢？

答 点文字的对齐方式可以通过【工具选项】属性栏中的【文字对齐】工具来实现。选中需要对齐的文字，然后单击【工具选项】属性栏中的【文字对齐】工具，其中包括【左对齐】、【居中对齐】、【右对齐】3种对齐方式。也可以将文字转换为轮廓，并通过【对齐】调板进行文字对齐。

问 在进行招贴设计的时候，除了需要了解招贴的基本特点、设计法则外，还需要注意些什么吗？

答 在进行招贴的设计时，还需要了解招贴的具体用途。例如商场中的招贴通常应用于营业店面内，做商场装饰和宣传用途。店内招贴的设计需要考虑到商场的整体风格、色调及营业内容，力求与环境相融；展览招贴主要用于展览会的宣传，常分布于街道、影剧院、展览会、商业区、车站、码头、公园等公共场所。招贴具有传播信息的作用，涉及内容广泛、艺术表现力丰富、远视效果强。

结束语

　　本章详细讲解了使用Illustrator CC来进行招贴设计，其中包括招贴的分类、招贴的基本特点、招贴的设计法则以及一些案例的操作。通过本章的学习，读者能够熟练地掌握Illustrator CC的使用，并熟练运用Illustrator CC绘制出精美的招贴。

Chapter 11

第11章
包装设计

本章要点

入门——基本概念与基本操作

🔍 包装设计的基本概念

🔍 包装的功能

🔍 包装的分类

进阶——典型实例

🔍 比萨包装设计

🔍 绿茶包装设计

提高——车灯包装设计

本章导读

在生活中，包装不仅可以保护商品、便于运输和装卸，而且也可以起到美化、宣传的作用。因此在设计时，应根据客户的要求和不同的产品特性，分别采取不同的设计制作，其目的是为了提高商品在同类产品中的销售竞争力。

11.1 入门——基本概念与基本操作

下面我们就来了解一下包装的含义以及包装的功能和分类。

11.1.1 包装设计的基本概念

包装设计是以商品保护、使用、促销为目的，将科学的、社会的、艺术的、心理的诸多要素综合起来的专业技术和能力，如图11-1、图11-2所示。

图11-1 中式风格包装

图11-2 西式风格包装

包装内容主要有造型设计、结构设计、装潢设计等。

🔍 **包装造型设计**——包装造型设计（如图11-3所示）是运用美学法则，用有形的材料制作，占有一定的空间，具有实用价值和美感效果的包装型体，是一种实用性的立体设计和艺术创造。

🔍 **包装结构设计**——包装结构设计（如图11-4所示）是从包装的保护性、方便性、复用性、显示性等基本功能和生产实际条件出发，依据科学原理对包装外形构造及内部附件进行的设计。

🔍 **包装装潢设计**——包装装潢设计（如图11-5所示）不仅旨在于美化商品，而且旨在积极能动地传递信息、促进销售。它是运用艺术手段对包装进行的外观平面设计，其内容包括图案、色彩、文字、商标等。

图11-3 包装造型设计

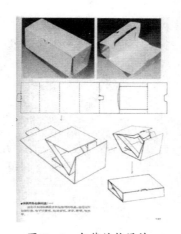

图11-4 包装结构设计

图11-5 包装装潢设计

11.1.2　包装的功能

现代包装具有多种功能，其中最主要的是以下3种功能。

- 保护功能——是最主要的功能。保护商品的意义是多重的，如物理性（保护商品防止外力损坏）和化学性（防止商品变质，如深色啤酒瓶能防止辐射变质，真空包装防止商品接触空气氧化）。
- 促销功能——它好比一个传达媒体，传达包括识别、推销广告及说明。
- 便利功能——即方便储藏、运输。

11.1.3　包装的分类

包装是一个集合总体，它包括了种类繁多的包装产品和产品包装，其分类如下。

- 按包装材料可分为纸包装、塑料包装、金属包装、玻璃包装、陶瓷包装、木包装、纤维制品包装、复合材料包装和其他天然材料包装等，如图11-6所示。

图11-6　按包装材料分类的包装

- 按商品不同价值可分为高档包装、中档包装和低档包装，如图11-7所示。

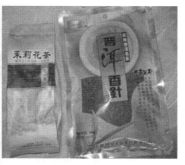

图11-7　高档包装和低档包装

- 按包装容器的刚性可分为软包装、硬包装和半硬包装，如图11-8所示。

图11-8 软包装和硬包装

🔍 按包装容器造型结构特点可分为便携式、易开式、开窗式、透明式、悬挂式、堆叠式、喷雾式、挤压式、组合式和礼品式包装等。

🔍 按包装在物流过程中的使用范围可分为运输包装、销售包装和运销两用包装。

🔍 按在包装件中所处的空间地位可分为内包装、中包装和外包装。

🔍 按包装适应的社会群体可分为民用包装、公用包装和军用包装。

🔍 按包装适应的市场可分为内销包装和出口包装。

🔍 按内装物内容可分为食品包装、药包装、化妆品包装、纺织品包装、玩具包装、文化用品包装、电器包装、五金包装等。

🔍 按内装物的物理形态可分为液体包装、固体（粉状、粒状和块状物）包装、气体包装和混合物体包装。

11.2 进阶——典型实例

11.1节具体介绍了包装的功能和分类，使读者对包装有了一定的了解，下面通过一些典型实例巩固所学知识。

11.2.1 比萨包装设计

本例主要讲解比萨包装的设计。在绘制过程中，进一步巩固Illustrator CC的操作知识，以达到灵活运用的目的。

▍最终效果▍

本例的最终效果如图11-9所示。

图11-9 最终效果

┃ 解题思路 ┃

1 使用【矩形】、【钢笔】、【直接选择】等工具绘制包装盒外形。
2 导入相应的素材，调整至适当的位置，并通过【剪切蒙版】进行适当的修改。
3 使用【文字】工具输入相应的文字完成绘制。

┃ 操作步骤 ┃

1 启动Illustrator CC。
2 选择菜单【文件】→【新建】命令，在弹出的【新建文档】对话框中，采用所有的默认设置选项，直接单击【确定】按钮，生成一个新的空白文件。
3 单击【矩形】工具，在画布中绘制矩形，设置矩形的填充属性为黑色。
4 单击【矩形】工具，在画布中绘制矩形，设置矩形的填充属性为白色，并调整至合适的位置，如图11-10所示。
5 单击【矩形】工具，在画布中绘制矩形，设置矩形的填充属性为白色，并调整至合适的位置，如图11-11所示。

图11-10　绘制好的矩形

图11-11　绘制好的矩形

6 单击【直接选择】工具，拖拽鼠标调整相应的节点，选择【平均】命令，在弹出的【平均】对话框中进行相应的参数设置，效果如图11-12所示。

图11-12　【平均】对话框及完成后的效果

7 单击【钢笔】工具，在画布中绘制如图11-13所示的图形。

8 单击【镜像】工具，按住【Alt】键不放，单击定位镜像的中心点，在弹出的【镜像】对话框中进行相应的参数设置，设置完成后单击【复制】按钮，效果如图11-14所示。

图11-13　绘制的图形

图11-14　【镜像】对话框及镜像复制后的效果

9 通过【置入】命令，置入"本书案例文件\11\比萨图片.psd"，将置入后的图片移动到如图11-15所示的位置。

10 单击【钢笔】工具，在画布中绘制如图11-16所示的图形。

图11-15　置入的图片

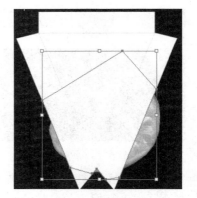

图11-16　绘制的图形

11 单击【选择】工具，按住【Shift】键不放，单击选择置入的比萨图片和绘制的图形，选择菜单【对象】→【剪切蒙版】→【建立】命令，执行命令后的效果如图11-17所示。

12 通过【置入】命令，置入"本书案例文件\11\PIZZA标志.ai"，将置入后的图片移动到如图11-18所示的位置。

13 单击【文字】工具，在画布中输入文字，通过【字符】调板设置文字的字体及字号，效果如图11-19所示。

14 选择菜单【编辑】→【复制】命令，再选择菜单【编辑】→【贴到后面】命令。通过【颜色】调板设置复制后的文字描边颜色为橙色，通过【描边】调板设置轮廓线的宽度，效果如图11-20所示。

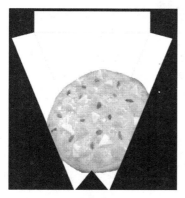

图11-17　创建蒙版后的效果

图11-18　置入的图片

图11-19　输入文字后的效果

图11-20　设置属性后的文字效果

15 单击【文字】工具，在画布中输入文字，通过【字符】调板设置文字的字体及字号，并将文字旋转一定的角度。

16 选择菜单【编辑】→【复制】命令，再选择菜单【编辑】→【贴到后面】命令。通过【颜色】调板设置复制后的文字描边颜色为橙色，通过【描边】调板设置轮廓线的宽度，效果如图11-21所示。

17 单击【选择】工具，拖拽鼠标选择输入的文字。选择菜单【编辑】→【编组】命令，按住【Alt】键不放拖拽鼠标复制。将复制后的对象通过范围框旋转到如图11-22所示的位置。

图11-21　设置属性后的效果

图11-22　复制且旋转后的效果

18 单击【文字】工具，在画布中输入文字，通过【字符】调板设置文字的字体及字号，效果如图11-23所示。

19 单击【钢笔】工具，在画布中合适的位置绘制图形，通过【颜色】调板设置对象的填充属性为（C：13、M：26、Y：92、K：0），如图11-24所示。

图11-23　输入文字后的效果

图11-24　绘制的图形

20 选择菜单【编辑】→【复制】命令，再选择菜单【编辑】→【贴到前面】命令。通过【颜色】调板设置填充属性为（C：0、M：100、Y：100、K：0），单击【直接选择】工具，单击选择相应的节点并移动位置，效果如图11-25所示。

21 单击【文字】工具，在画布中输入文字，通过【字符】调板设置文字的字体及字号，将其移动到如图11-26所示的位置。

图11-25　贴到前面更改属性后的效果

图11-26　输入文字后的效果

22 单击【直线】工具，在画布中绘制一条直线，通过【描边】调板将其设置为虚线样式，如图11-27所示。

23 单击【镜像】工具，按住【Alt】键不放，单击定位镜像的中心点，在弹出的【镜像】对话框中进行如图11-28所示的参数设置，设置完成后单击【复制】按钮，效果如图11-29所示。

24 单击【矩形】工具，在画布中绘制一矩形，并调整至合适的大小，如图11-30所示。

图11-27 绘制的直线

图11-28 【镜像】对话框

图11-29 镜像复制后的效果

图11-30 绘制的矩形

25 重复步骤6的操作。

26 选择菜单【编辑】→【复制】命令，再选择菜单【编辑】→【贴到前面】命令。通过【颜色】调板设置填充属性为白色，调整对象的大小，效果如图11-31所示。

27 单击【钢笔】工具，在画布中绘制图形，通过【颜色】调板设置对象的填充属性为绿色，通过【选择】工具将其移动到合适的位置，效果如图11-32所示。

图11-31 调整对象属性后的效果

图11-32 绘制的图形

28 通过【置入】命令，置入"本书案例文件\11\比萨图片2.psd"文件，将置入后的图片移到如图11-33所示的位置。

29 单击选择置入的比萨图片，选择菜单【效果】→【风格化】→【外发光】命令，此时弹出【外发光】对话框，在对话框中进行如图11-34所示的参数设置，设置完成后单击【确定】按钮。

图11-33 移动图片到合适的位置   图11-34 【外发光】对话框

30 单击【矩形】工具，在画布中绘制矩形，通过【颜色】和【渐变】调板设置对象的填充属性为绿色到白色的线性渐变。

31 通过【置入】命令，置入"本书案例文件\11\PIZZA标志.ai"文件，将置入后的图片移到如图11-35所示的位置。

32 通过【置入】命令，置入"本书案例文件\11\背面素材.psd"文件，将置入后的图片移到如图11-36所示的位置。

图11-35 移动标志到合适的位置   图11-36 移动图片到合适的位置

33 单击【文字】工具，在画布中输入文字，通过【字符】调板设置文字的字体及字号。

34 通过【置入】命令，置入"本书案例文件\11\条形码.psd"，将置入后的图片移到如图11-37所示的位置。

图11-37　移动条形码到合适的位置

35 选择菜单【文件】→【存储】命令，将文件保存为"比萨包装设计.ai"。

11.2.2　绿茶包装设计

本例通过绿茶包装盒的平面展开图，使读者进一步了解包装盒的设计结构，巩固以前所学的知识。

最终效果

本例的最终效果如图11-38所示。

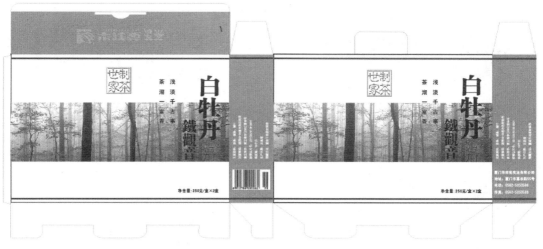

图11-38　最终效果

解题思路

1 使用【矩形】、【钢笔】、【直接选择】等工具创建包装盒的外观形状。

2 导入相应的素材，调整至适当的位置。

3 使用【文字】工具输入相应的文字完成绘制。

操作步骤

1 启动Illustrator CC。

2 选择菜单【文件】→【新建】命令，在弹出的【新建文档】对话框中，采用所有的默认设置选项，直接单击【确定】按钮，生成一个新的空白文件。

3 单击【矩形】工具，在画布中合适的位置分别绘制如图11-39所示的图形。

4 通过【置入】命令，置入"本书案例文件\11\茶叶素材.psd"文件，通过【选择】工具将置入的图片移动到如图11-40所示的位置。

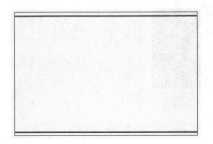

图11-39 绘制的矩形

图11-40 置入图片后的效果

5 通过【置入】命令，置入"本书案例文件\11\茶叶标志.psd"文件，通过【选择】工具将置入的图片移动到如图11-41所示的位置。

6 通过【横排文字】工具和【竖排文字】工具，在画布中输入如图11-42所示的文字，字体的颜色为黑色。

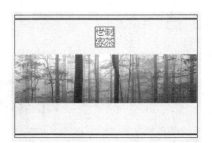

图11-41 置入图片后的效果

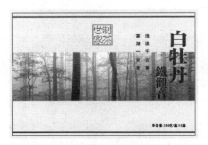

图11-42 输入文字后的效果

7 单击【矩形】工具，在画布中绘制矩形，通过【颜色】调板设置对象的填充颜色为绿色。通过【文字】工具输入相应的文字，通过【字符】调板设置文字的字体、字号及行间距，效果如图11-43所示。

图11-43 绘制的矩形和输入文字后的效果

8 通过【置入】命令，置入"本书案例文件\11\条形码.psd"文件，通过【选择】工具将置入的图片移动到如图11-44所示的位置。

9 单击【选择】工具，拖拽鼠标选择对象，按住【Alt+Shift】组合键不放，拖拽鼠标在同一水平线上复制对象，将复制后的对象进行修改，效果如图11-45所示。

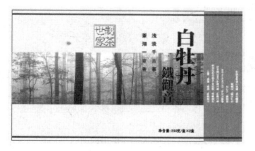

图11-44　置入图片后的效果　　　　图11-45　复制对象修改后的效果

10 通过【钢笔】工具、【镜像】工具、【矩形】工具和【直接选择】工具，在页面中分别绘制如图11-46所示的图形。

图11-46　绘制的图形

11 通过【钢笔】工具、【镜像】工具、【矩形】工具和【复制】命令，在页面中分别绘制如图11-47所示的图形，包装盒设计完成。

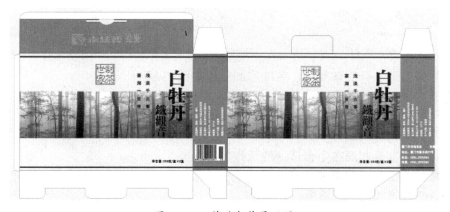

图11-47　茶叶包装展开图

12 选择菜单【文件】→【存储】命令，将文件保存为"绿茶包装设计.ai"。

11.3 提高——车灯包装设计

通过本例的制作，使读者进一步巩固所学的知识，并灵活运用到实际设计中。

【 最终效果 】

本例的最终效果如图11-48所示。

【 解题思路 】

1　使用【钢笔】工具绘制标志图形。

2　使用【文字】工具输入相应的文字并进行效果处理。

3　导入相应的素材并排列位置完成最终的绘制。

【 操作提示 】

1　启动Illustrator CC。

2　选择菜单【文件】→【新建】命令，在弹出的【新建文档】对话框中，采用所有的默认设置选项，直接单击【确定】按钮，生成一个新的空白文件。

3　使用【钢笔】工具绘制如图11-49所示的图形。通过【颜色】和【渐变】调板设置对象的填充属性如图11-50所示。

图11-48　最终效果

图11-49　绘制的图形

图11-50　使用【颜色】和【渐变】调板填充对象

4　将绘制后的图形进行旋转复制，完成后的效果如图11-51所示。

5　使用【文字】工具，在画布中合适的位置输入文字，并将文字转换为可编辑路径，并通过【颜色】和【渐变】调板设置对象的填充属性如图11-52所示。

6　将调整好的对象进行编组。

7　使用【椭圆】工具在画布中合适的位置绘制椭圆。

8　单击【剪刀】工具，将椭圆合适的位置剪开，多余的部分按【Delete】键删除，删除多余路径后的效果如图11-53所示。

9　使用【路径文字】工具输入文字，并调整文字的字号及字体，如图11-54所示。

图11-51　旋转复制后的效果　　　　　　　　图11-52　调整后的文字效果

图11-53　调整后的椭圆　　　　　　　图11-54　输入路径文字后的效果

10 单击【文字】工具，输入文字，效果如图11-55所示。

11 将完成的对象进行编组。

12 通过【椭圆】工具和【文字】工具，绘制如图11-56所示的图形，并将绘制好的图形编组。

图11-55　输入文字后的效果　　　　　　　　图11-56　绘制的图形标志

13 选择菜单【文件】→【置入】命令，置入"本书案例文件\11\车灯.psd"文件。将群组后的图形通过选择工具分别移动到如图11-57所示的位置。

14 单击【文字】工具，在画布中输入文字，通过【颜色】和【渐变】调板设置对象的填充属性，如图11-58所示。

15 选中输入的文字并使用【位移路径】命令，完成的效果如图11-59所示。

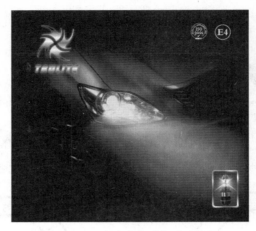

图11-57　移动对象到合适的位置

HID　　　HID

图11-58　填充后的文字　　　　　　　　图11-59　位移路径后的效果

16 使用【移动】工具，将绘制好的对象移动到如图11-60所示的位置。

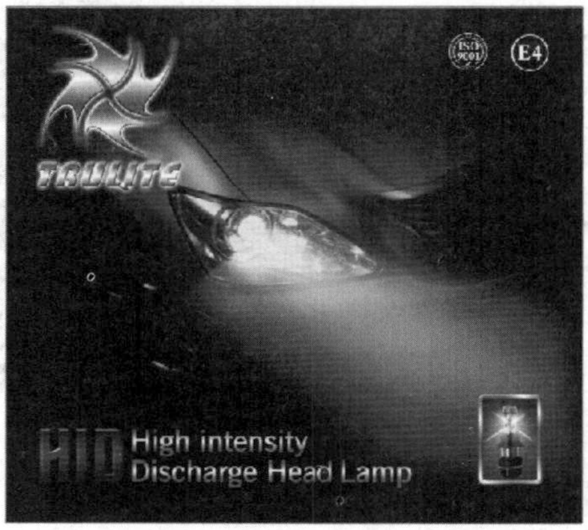

图11-60　移动图形到合适的位置

17 使用【文字】工具，在画布中输入文字，并将文字转换为路径，通过【颜色】和【渐变】调板，设置对象的填充属性，如图11-61所示。

18 使用同上的操作步骤，分别绘制如图11-62所示的效果，并将绘制好的对象编组。

19 单击【选择】工具，将编组后的图形分别移动到如图11-63所示的位置。使用同样的方法绘制盒子的背面，最终完成的效果如图11-64所示。

图11-61　更改填充后的效果

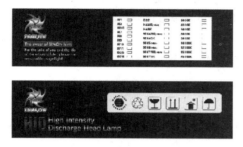

图11-62　绘制盒子的左侧和右侧

图11-63　移动图形到合适的位置

图11-64　车灯包装最终效果图

20 选择菜单【文件】→【存储】命令，将绘制好的文件保存为"车灯包装设计.ai"。

11.4　答疑与技巧

问　在进行包装设计的过程中，如果素材文件是.crd文件，这时该怎么办？

答　在Illustrator CC中，打开.crd文件的方法是选择菜单【文件】→【置入】命令，在弹出的【置入】对话框中，选中需要打开的.crd文件后单击【置入】按钮即可。

问　在打开.ai文件的时候，有时会出现【字体问题】对话框，这是什么原因，有什么办法可以解决吗？

答　在打开.ai文件时出现【字体问题】对话框，是由于原有文件的字体在现有系统中不存在导致的。要解决这个问题的办法除了在现有系统中安装匹配的文字外，还可以通过将文字转换为轮廓来解决。为了避免类似的问题发生，给工作带来不便，需在做好设计后，将所有文字转换为轮廓。

结束语

本章详细讲解了使用Illustrator CC来进行包装设计，其中介绍了包装设计的基本概念、包装的功能、包装的分类以及一些案例的操作。通过本章的学习，读者能够熟练地掌握Illustrator CC的使用，并熟练运用Illustrator CC设计精美的包装作品。

Chapter 12

第12章
经典案例

本章要点

- 礼品盒
- 帽子
- 景物类静物
- 卡通风格静物–早餐
- 卡通人物插画–魔法向前看
- 写实苹果
- 写实鹦鹉

本章导读

    有位哲人说过："不是美不在我们身边，而是我们缺少发现美的眼睛。"我们在感悟于大自然的鬼斧神工的同时，又不得不惊叹电脑艺术的独特魅力。Illustrator CC 简单的操作及强大的功能，使我们任何一个人，对于美的描绘都得以成为现实。

12.1 礼品盒

作品表现的是可爱的心形礼品盒，通过礼品盒的绘制，使用户掌握【钢笔】、【颜色】调板、【转换点】、【复制对象】等工具的使用。

最终效果

本例的最终效果如图12-1所示。

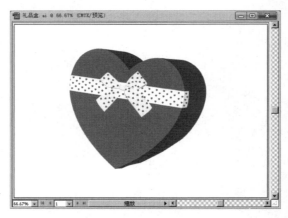

图12-1　最终效果

解题思路

1 使用【新建】命令设置绘画环境。
2 使用【钢笔】工具绘制心形图案。
3 使用【颜色】调板调整礼品盒的颜色。
4 使用【文件】→【存储】命令将文件保存。

操作步骤

1 启动Illustrator CC。
2 选择菜单【文件】→【新建】命令，在弹出的【新建文档】对话框中，设置新建文档名称为"礼品盒"，设置配置文件的大小为A4，取向为"横向"，单位为毫米，出血均为2mm，颜色模式为CMYK，如图12-2所示。

图12-2　【新建文档】对话框

3 单击【钢笔】工具，在页面中合适的位置绘制如图12-3所示的路径，填充色值为（C：3、M：80、Y：10、K：0），轮廓线属性设置为无色。

4 单击【转换点】工具，将尖用点转为平滑点，通过【直接选择】工具，对相应的方向杆进行调整，如图12-4所示。

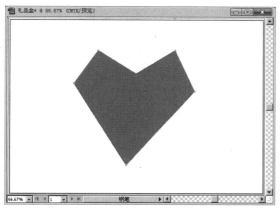 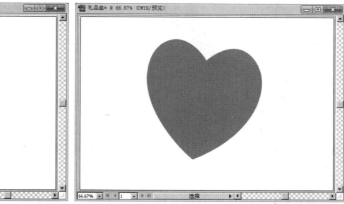

图12-3　使用【钢笔】工具绘制路径　　　　图12-4　使用【转换点】工具转换后的图形

5 单击【钢笔】工具，绘制如图12-5所示的路径，通过【直接选择】工具可对单独某个节点或方向杆进行调整，填充色值为（C：7、M：96、Y：6、K：1），轮廓线属性设置为无色。

6 单击【选择】工具，将绘制好的图形移到合适的位置。

7 选择【对象】→【排列】→【置于底层】命令，效果如图12-6所示。

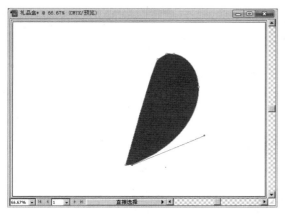 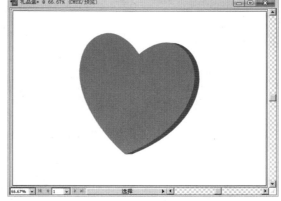

图12-5　使用【钢笔】工具绘制路径　　　　图12-6　执行【置于底层】命令后的效果

8 单击【钢笔】工具，绘制如图12-7所示的路径，并设置填充属性色值为（C：22、M：94、Y：6、K：1），轮廓线属性设置为无色。

9 单击【选择】工具，将绘制好的路径移动到合适的位置，并调整好顺序，如图12-8所示。

图12-7　绘制的图形　　　　　　　　　图12-8　更改顺序后的效果

10 单击【钢笔】工具，绘制如图12-9所示的路径，填充属性色值为（C：4、M：2、Y：2、K：0），轮廓线属性设置为无色。

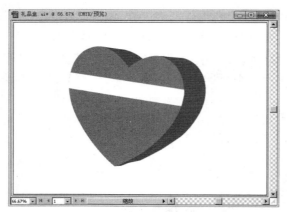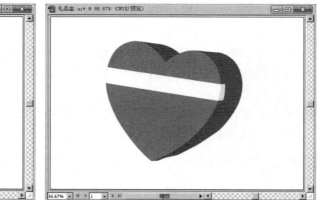

图12-9　绘制好的路径

11 使用同样的方法再绘制其他路径，填充属性色值为（C:4、M：2、Y：2、K：0），轮廓线属性设置为无色，效果如图12-10所示。

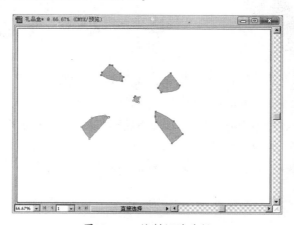

图12-10　绘制好的路径

12 单击【选择】工具，将绘制好的图形进行移动组合。拖拽鼠标选择绘制好的图形。选择菜单【对象】→【编组】命令，将编组后的图形移动到如图12-11所示的位置。

13 单击【选择】工具，单击绘制好的心形，按住【Alt】键不放，拖拽鼠标到空白位置，可以复制一个心形，如图12-12所示。

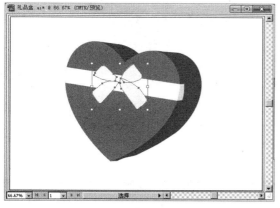

图12-11　移动编组后的图形到合适的位置　　　　图12-12　复制心形后的效果

14 单击【选择】工具，单击复制后的心形，通过范围框的一个角点，鼠标变为双箭头时按住【Alt+Shift】组合键不放，向内拖拽鼠标，此时中心不变，等比例缩小心形图形，将缩小后的图形移动到如图12-13所示的位置。

15 单击【选择】工具，选择缩小后的心形，按住【Alt】键不放，拖拽鼠标复制多个心形，效果如图12-14所示。

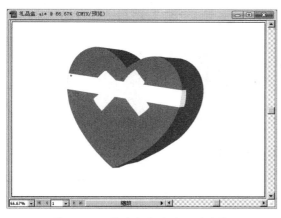

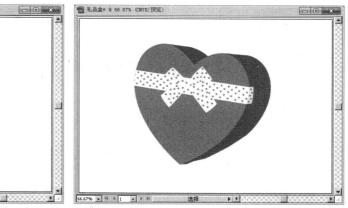

图12-13　更改大小后的心形效果　　　　图12-14　复制心形后的效果

16 为了使蝴蝶结立体感更强一些，可以通过【钢笔】工具绘制路径，填充灰色的渐变，移到合适的位置，效果如图12-15所示。

17 选择菜单【文件】→【存储】命令，将文件保存为"礼品盒.ai"。完成后的礼盒效果如图12-16所示。

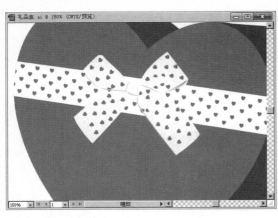

图12-15 绘制的路径   图12-16 礼品盒效果图

12.2 帽子

作品表现的是帽子的绘制，通过本例的绘制，使用户掌握【钢笔】工具、【转换点】工具、【直接选择】工具和【渐变】调板的使用。

最终效果

本例的最终效果如图12-17所示。

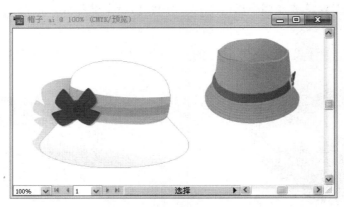

图12-17 最终效果

解题思路

1 使用【新建】命令设置绘画环境。
2 使用【钢笔】工具绘制帽子图案。
3 使用【转换点】工具和【直接选择】工具编辑路径。
4 使用【渐变】调板填充对象属性。
5 使用【文件】→【存储】命令将文件保存。

操作步骤

1 启动Illustrator CC。

2 选择菜单【文件】→【新建】命令，在弹出的【新建文档】对话框中，设置新建文档名称为"帽子"，设置配置文件的大小为"A4"，取向为"横向"，单位为"毫米"，出血均为"2mm"，颜色模式为"CMYK"，如图12-18所示。

图12-18　【新建文档】对话框

3 单击【钢笔】工具，在页面中合适的位置单击鼠标绘制路径，通过【直接选择】工具和【转换点】工具，绘制路径并进行修改。修改后的路径如图12-19所示。

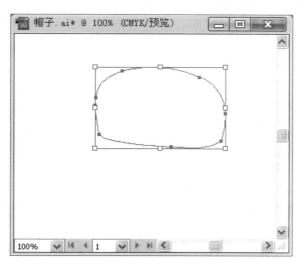

图12-19　绘制好的路径

4 单击【钢笔】工具，在页面中合适的位置单击鼠标绘制路径，通过【直接选择】工具和【转换点】工具进行修改。修改后的图形效果如图12-20所示。

5 单击【选择】工具，将绘制好的图形移动到合适的位置，选择菜单【对象】→【排列】→【置于底层】命令。

6 通过【颜色】和【渐变】调板设置对象的填充属性，如图12-21所示。

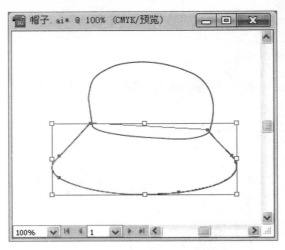

图12-20　绘制好的图形

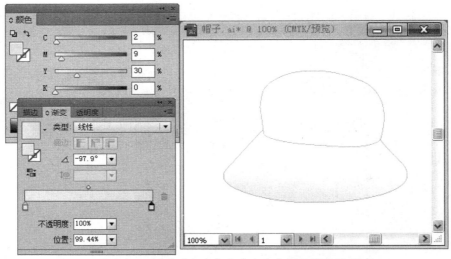

图12-21　通过【颜色】和【渐变】调板填充图形

7 单击【钢笔】工具，在页面中合适的位置单击鼠标绘制图形，通过【直接选择】工具对绘制好的图形进行修改，修改后的效果如图12-22所示。通过【颜色】调板设置对象的填充色值为（C：3、M：24、Y：96、K：0），描边色为无色。

8 单击【钢笔】工具，在页面中合适的位置单击鼠标绘制路径，通过【直接选择】工具对绘制的路径进行修改，修改后的路径效果如图12-23所示。通过【颜色】调板设置对象填充色值为（C：2、M：40、Y：94、K：1），描边色为无色。

9 单击【钢笔】工具，在页面合适的位置绘制路径，通过【直接选择】工具和【转换点】工具进行修改，设置填充色值为（C：1、M：96、Y：91、K：0），描边色为无色，效果如图12-24所示。

10 单击【旋转】工具，选择绘制好的图形，单击定位旋转中心点，按住【Alt】键拖拽鼠标，复制对象且旋转一个合适的角度，如图12-25所示。

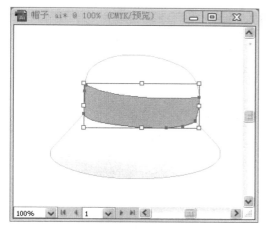

图12-22　绘制的图形

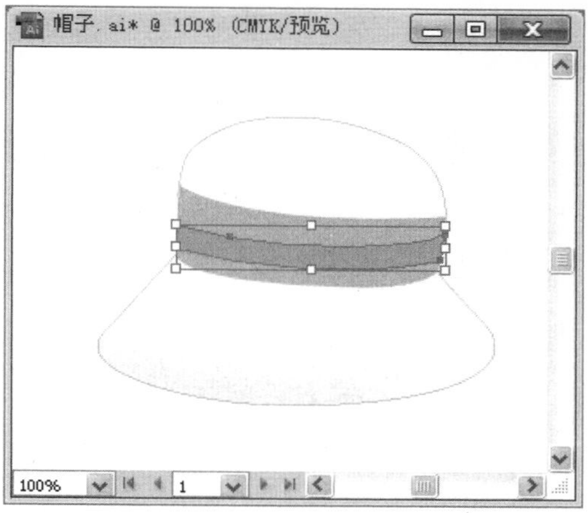

图12-23　绘制的图形

图12-24　绘制的图形

图12-25　旋转复制后的效果

11 单击【选择】工具，拖拽鼠标选择对象。

12 单击【镜像】工具，按住【Alt】键不放，单击定位镜像的中心点，在弹出的【镜像】对话框中进行相应的参数设置，设置完成后单击【复制】按钮，如图12-26所示。

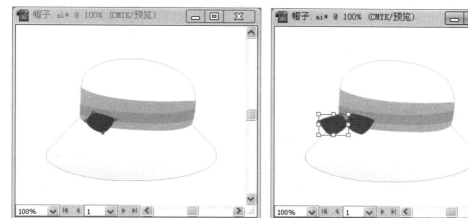

图12-26　【镜像】对话框及镜像复制后的效果

13 单击【钢笔】工具，在页面中合适的位置绘制路径，通过【颜色】调板设置对象的填充属性，如图12-27所示。

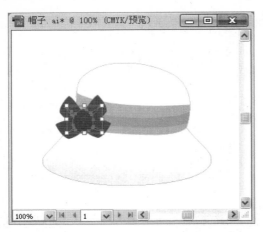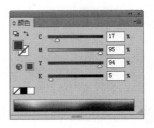

图12-27　通过【颜色】调板填充绘制好的图形

14 单击【钢笔】工具，在页面中合适的位置绘制路径，通过【直接选择】工具和【转换点】工具进行相应的调整，如图12-28所示。

图12-28　绘制的路径

15 单击【选择】工具，将绘制好的图形移到合适的位置，通过菜单【对象】→【排列】命令调整对象的位置。通过【渐变】调板设置对象的填充属性，效果如图12-29所示。

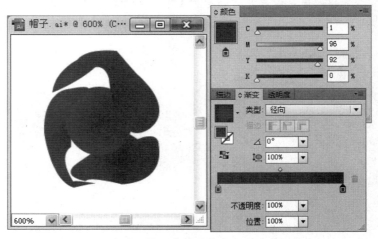

图12-29　执行【排列】命令后的效果

16 单击【选择】工具，拖拽鼠标选择绘制好的图形。选择菜单【对象】→【编组】命令，将编组后的图形移动到如图12-30所示的位置。

17 单击【钢笔】工具，在页面中合适的位置绘制图形，通过【渐变】调板设置对象的填充属性，如图12-31所示。

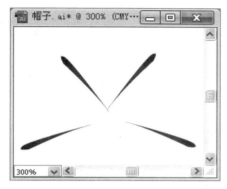

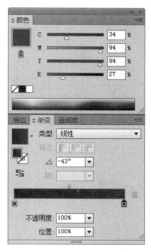

图12-30　编组后的效果　　　　图12-31　【渐变】调板设置对象的填充属性

18 单击【选择】工具，拖拽鼠标选择对象。选择菜单【对象】→【编组】命令，将其移动到合适的位置，通过工具选项属性栏设置对象的不透明度为40％，效果如图12-32所示。

19 单击【选择】工具，拖拽鼠标选择对象。选择菜单【对象】→【编组】命令，将其移动到如图12-33所示的位置。

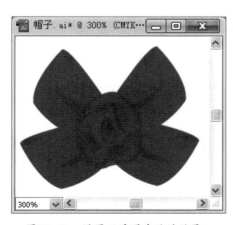

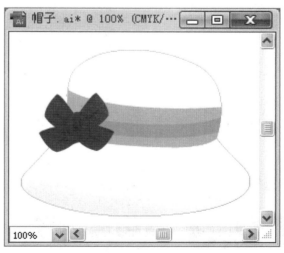

图12-32　设置不透明度后的效果　　　　图12-33　移动调整位置后的效果

20 单击【选择】工具，单击选择对象。选择菜单【编辑】→【复制】命令，再选择菜单【编辑】→【贴到后面】命令。通过【颜色】调板设置对象的填充属性为灰色，通过光标移动键更改对象的位置，如图12-34所示。

21 单击【钢笔】工具，绘制帽子的阴影，通过【渐变】调板设置对象的填充属性，如图12-35所示。

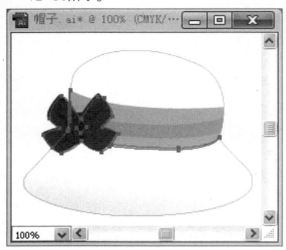
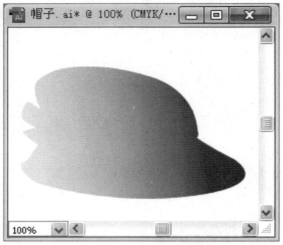

图12-34　更改位置后的效果　　　　　　图12-35　绘制的图形

22 单击【选择】工具，单击选择对象，使用光标移动键移动图形到合适的位置。选择菜单【对象】→【排列】→【置于底层】命令，如图12-36所示。帽子绘制完成。

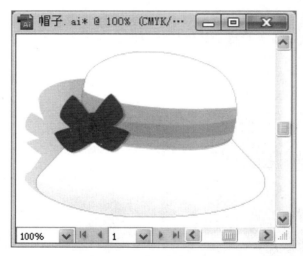

图12-36　最终完成的效果

23 选择菜单【文件】→【存储】命令，将文件保存为"帽子.ai"。

12.3 景物类静物

　　作品表现的是甜美风格的静物，画面的主体是女生的相框，表现了女生书桌上可爱的摆设和装饰。

最终效果

本例的最终效果如图12-37所示。

图12-37 最终效果

解题思路

1 使用【钢笔】工具绘制相框。
2 使用【钢笔】、【美工刀】、【实时上色】工具绘制照片背景。
3 使用【钢笔】、【铅笔】、【椭圆】、【直接选择】等工具完成照片中头像的绘制。
4 使用【钢笔】、【直接选择】、【椭圆】工具绘制杯子。
5 使用【钢笔】、【直接选择】工具绘制花和花茎。
6 使用【文件】→【存储】命令将文件保存。

操作步骤

1 首先我们来绘制相框，新建一个Illustrator文件。
2 选择【文件】→【新建】命令，在弹出的【新建文档】对话框中，设置新建文档名称为"相框"，设置配置文件的大小为"A4"，取向为"横向"，单位为"毫米"，出血均为"2mm"，颜色模式为"CMYK"。
3 选择【钢笔】工具，在画布中合适的位置画出相框，并通过【颜色】调板设置图形的填充颜色，如图12-38所示。

 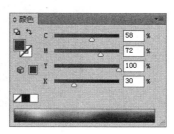

图12-38 使用【钢笔】工具绘制的图形

4 选择【钢笔】工具，在画布中合适的位置绘制图形，并通过【渐变】调板设置图形的填充为渐变色，描边为无色，如图12-39所示。

图12-39　使用【渐变】调板对绘制好的图形进行颜色填充

5 选择【钢笔】工具，在合适的位置绘制图形，调整图形的填充颜色为无色，如图12-40所示。单击【选择】工具，拖拽将两者选中，在【路径查找器】面板中选择【减去顶层】按钮，如图12-41所示。得到的效果如图12-42所示。

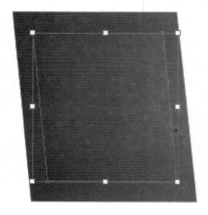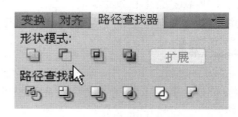

图12-40　使用【钢笔】工具绘制图形　　　　图12-41　【路径查找器】面板

图12-42　执行【减去顶层】后的效果

6 选择【钢笔】工具，在适当的位置画出相框的厚度，并在【颜色】调板中设置图形的填充色为（C：58、M：72、Y：100、K：60），如图12-43所示。

图12-43 使用【钢笔】工具绘制的图形

7 选择【钢笔】工具，画出相框上的装饰，并设置颜色，如图12-44所示。

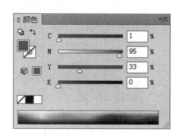

图12-44 使用【钢笔】工具绘制出相框装饰

8 选择【钢笔】工具，画出相框上的装饰，设置颜色，在【描边】面板中设置描边属性，如图12-45所示。

9 选择【钢笔】工具，画出照片的底纹，选择【美工刀】工具，将图形分出层次，并选择【实时上色】工具上色，如图12-46所示。

10 选择【钢笔】工具，在画布中适当的位置，画出照片上的人物，并通过【颜色】调板设置各部分图形的填充色，描边色为无色。其中头发色值为（C：74、M：82、Y：98、K：66），皮肤色值为（C：0、M：9、Y：12、K：0），衣服色值为（C：2、M：68、Y：5、K：0），如图12-47所示。

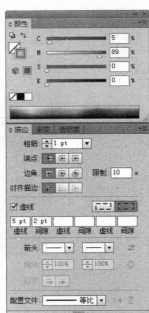

图12-45　使用【钢笔】工具绘制出相框装饰

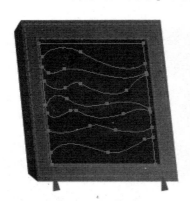
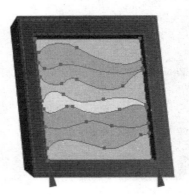

图12-46　使用【钢笔】、【美工刀】、【实时上色】工具绘制出照片底纹

图12-47　使用【钢笔】绘制照片上的人物

11 选择【钢笔】工具和【椭圆】工具，在适当的位置绘制出人物的五官，并设置填充颜色，如图12-48所示。

图12-48 使用【钢笔】、【椭圆】工具绘制人物五官

12 选择【铅笔】工具画出人物头上的装饰，通过【渐变】调板设置渐变填充，并通过【对象】→【编组】命令将图形编组，如图12-49所示。

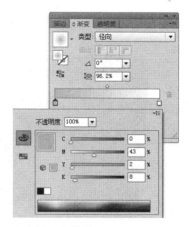

图12-49 使用【铅笔】工具绘制头部装饰品

13 选择【钢笔】工具，在适当的位置绘制出杯子的主体形状，并通过【渐变】调板设置渐变填充，如图12-50所示。

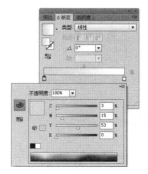

图12-50 使用【钢笔】工具绘制杯子主体

14 选择【钢笔】工具画出杯子的手柄，并通过【渐变】调板设置渐变填充，如图12-51所示。

图12-51　使用【钢笔】工具绘制杯子手柄

15 选择【椭圆】工具画出杯子的杯口，并通过【渐变】调板设置渐变填充，如图12-52所示。

图12-52　使用【椭圆】工具绘制杯子杯口

16 使用【钢笔】工具画出杯子上的装饰，并设置填充色值为（C：6、M：89、Y：0、K：0），如图12-53所示。

17 使用【钢笔】工具，在合适的位置绘制出桌面，然后使用【美工刀】工具画出阴影，选择【实时上色】工具，进行颜色填充，效果如图12-54所示。

18 使用【钢笔】工具，绘制出墙壁，然后为其填充渐变色，如图12-55所示。

图12-53 使用【钢笔】工具绘制杯子上的装饰

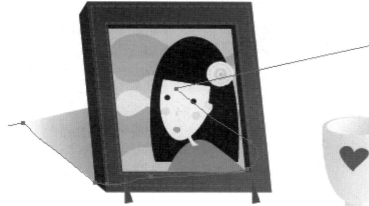

图12-54 使用【钢笔】工具绘制桌面

图12-55 使用【钢笔】工具绘制墙壁

19 选择【钢笔】工具，绘制出墙壁的阴影，并通过【颜色】调板设置颜色，色值为（C：17、M：13、Y：12、K：0），如图12-56所示。

图12-56 使用【钢笔】工具绘制墙壁

20 使用【钢笔】工具，在画布中合适的位置绘制出花朵，并通过【渐变】调板，设置花朵的渐变填充，效果如图12-57所示。

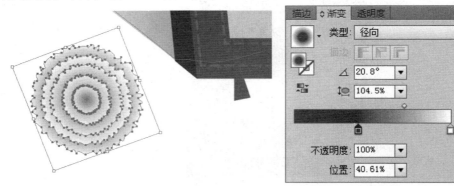

图12-57 使用【钢笔】工具绘制花朵

21 使用【选择】工具，将绘制好的花朵选中，然后执行【对象】→【编组】命令将花朵编组。将编组后的花朵进行复制粘贴，变换大小并调整到适当的位置，如图12-58所示。

图12-58 复制的花朵

22 使用【钢笔】工具，在适当的位置绘制出花茎，并为其填充颜色，如图12-59所示。

图12-59　使用【钢笔】工具绘制花茎

23 使用【钢笔】工具，在适当的位置绘制出花的阴影，完成绘制，最终效果如图12-60所示。

图12-60　最终效果

24 选择菜单【文件】→【存储】命令，将文件保存为"景物类插画.ai"。

提示　这幅作品绘制了可爱的女生桌面，在技法上大量运用了渐变效果，使得画面更具立体感，颜色相对柔和，给人以亲切感。

12.4 卡通风格静物——早餐

卡通风格的静物绘制，追求可爱自然的感觉，用明快的颜色组成一幅完整的静物画。

最终效果

本例的最终效果如图12-61所示。

图12-61　最终效果

解题思路

1. 使用【钢笔】、【铅笔】工具相结合绘制画面中的图形。
2. 使用【颜色】、【渐变】调板设置对象的填充。
3. 使用【美工刀】、【实时上色】工具，绘制画面细节。
4. 使用【文件】→【存储】命令将文件保存。

操作步骤

1. 新建一个Illustrator文件。
2. 选择【文件】→【新建】命令，在弹出的【新建文档】对话框中，设置新建文档名称为"早餐"，设置配置文件的大小为"A4"，取向为"横向"，单位为"毫米"，出血均为"2mm"，颜色模式为"CMYK"。
3. 选择【椭圆】工具，在合适的位置绘制出花心，并通过【颜色】调板设置花心的填充颜色，如图12-62所示。

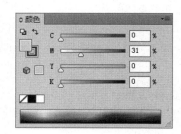

图12-62　使用【椭圆】工具绘制的花心

4. 使用【选择】工具将花心选中后进行复制，然后粘贴，变换颜色和大小，并放置到相应的位置上，如图12-63所示。
5. 使用【螺旋线】工具，在合适的位置绘制出花的圆心，使用【钢笔】工具在图中适当的位置进行花心美化，如图12-64所示。

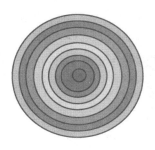
　图12-63　复制出的花心

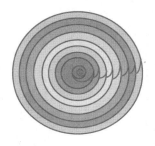
图12-64　使用【螺旋线】、【钢笔】工具绘制的花心

6 选择【铅笔】工具，在合适的位置绘制出花瓣，并通过【渐变】调板进行渐变色填充，效果如图12-65所示。

 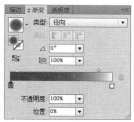

图12-65　使用【铅笔】工具绘制的花瓣

7 使用菜单中【对象】→【编组】命令，将绘制好的花编组，然后进行复制粘贴，变换大小和角度，并放置到合适的位置，如图12-66所示。

图12-66　复制出的花朵

8 使用【钢笔】工具，在合适的位置绘制花瓣，通过【渐变】调板设置填充颜色，如图12-67所示。

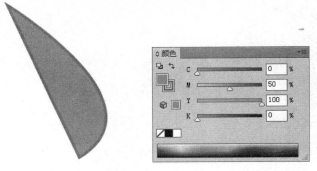

图12-67　使用【钢笔】工具绘制的花瓣

9 使用【选择】工具选中绘制好的花瓣，单击【旋转】命令，按住【Alt】键单击旋转中心，在弹出的【旋转】对话框中，设置旋转的角度，然后单击【复制】按钮进行复制，如图12-68所示。

图12-68　旋转复制的花瓣

10 将绘制好的花瓣选中，执行菜单【对象】→【编组】命令。

11 单击【选择】工具，选中编组后的花瓣，执行菜单【编辑】→【复制】命令，复制花瓣组，选择菜单【编辑】→【粘贴在前面】命令。多次执行【复制】、【粘贴在前面】命令，将复制出的花瓣组变换角度，并放置到相应位置上，形成完整的花，如图12-69所示。

图12-69　复制出的完整花瓣

12 选择【椭圆】工具，在合适的位置绘制出花的圆心，并通过【颜色】调板设置颜色，如

图12-70所示。

图12-70 使用【椭圆】工具绘制的花心

13 选择【美工刀】工具，将花心分成小格子，单击【实时上色】工具，对小格子进行填色，效果如图12-71所示。

图12-71 使用【美工刀】、【实时上色】工具绘制的花心

14 将绘制好的花选中，执行菜单【对象】→【编组】命令后，再进行复制粘贴，变换大小和角度，放置到相应的位置上，如图12-72所示。

图12-72 将编组后的花朵复制粘贴到适当的位置

15 选择【钢笔】工具，在合适的位置绘制出叶子，并通过【颜色】调板进行颜色填充，如图12-73所示。

16 选择【美工刀】工具，将叶子分出层次，然后选择【实时上色】工具进行填色，效果如图12-74所示。

 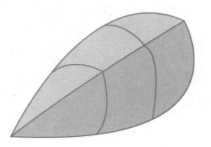

图12-73　使用【钢笔】工具绘制的叶子　　图12-74　使用【美工刀】、【实时上色】工具绘制的叶子

17 将绘制好的叶子复制粘贴，变换角度，放置到相应的位置上，如图12-75所示。

18 选择【椭圆】工具，在合适的位置绘制出花瓶的瓶口，并通过【颜色】调板进行颜色的填充，如图12-76所示。

图12-75　复制出的叶子　　　　　图12-76　使用【椭圆】工具绘制的瓶口

19 选择【钢笔】工具，在合适的位置绘制出花瓶的瓶身，并通过【颜色】调板进行颜色的填充，如图12-77所示。

20 选择【钢笔】工具，绘制出瓶身上的装饰，并填充颜色，如图12-78所示。

21 选择【椭圆】工具，绘制瓶身上的装饰，并通过【颜色】调板进行颜色的填充，如图12-79所示。

22 选择【钢笔】工具，绘制瓶子上的装饰，通过【描边】调板设置描边属性，如图12-80所示，然后通过【颜色】调板设置描边颜色，效果如图12-81所示。

图12-77　使用【钢笔】工具绘制的瓶身

图12-78　使用【钢笔】工具绘制的瓶身装饰

图12-79　使用【椭圆】工具
绘制的瓶身装饰

图12-80　【描边】调板

图12-81　花瓶绘制完成效果

23 选择【钢笔】工具，绘制出盘身，并通过【颜色】调板设置颜色，如图12-82所示。

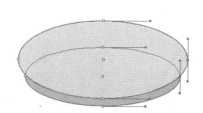

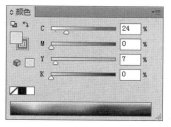

图12-82　【钢笔】工具绘制的餐盘

24 选择【铅笔】工具，绘制出盘子中的衬纸，并通过【颜色】调板设置颜色，如图12-83所示。

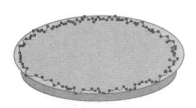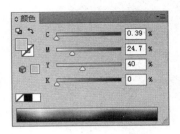

图12-83 使用【铅笔】工具绘制的衬纸

25 选择【椭圆】工具，绘制出衬纸上的装饰，并通过【颜色】调板，设置椭圆图形并填充，如图12-84所示。

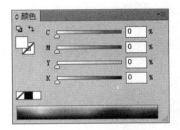

图12-84 使用【椭圆】工具绘制的衬纸装饰

26 选择【钢笔】工具、【椭圆】工具，绘制出荷包蛋图形，然后调整图形的颜色，如图12-85所示。

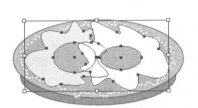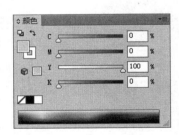

图12-85 绘制的荷包蛋

27 选择【钢笔】工具，绘制出筷子，选择【美工刀】工具画出筷子上的装饰，并选择【实时上色】工具上色，完成如图12-86所示的绘制。

图12-86 绘制的筷子

28 使用【钢笔】工具，绘制出牛奶盒子的主体，并通过【颜色】调板设置颜色，如图12-87所示。

29 选择【钢笔】工具，在合适的位置绘制出盒子上的标签，并调整填充颜色，如图12-88所示。

图12-87 绘制牛奶盒子主体

图12-88 绘制牛奶盒子上的标签

30 选择【美工刀】工具，在盒子上画出装饰，选择【实时上色】工具上色，如图12-89所示。

31 选择【文字】工具，在合适的位置输入文字"MILK"，并通过【字符】调板调整字号及字体，牛奶盒子就绘制完成了，如图12-90所示。

图12-89 绘制牛奶盒子上的装饰

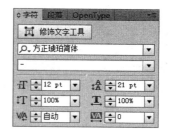

图12-90 绘制牛奶盒子上的装饰文字

32 选择【钢笔】工具，在适当的位置绘制苹果，并进行颜色填充，如图12-91所示。

33 选择【钢笔】工具，在适当的位置绘制出苹果梗，并设置填充颜色，如图12-92所示。

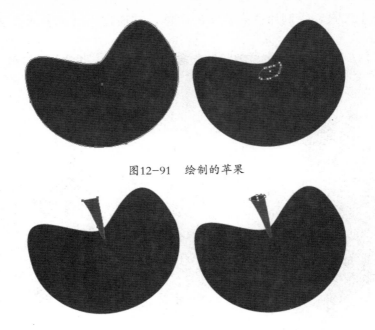

图12-91　绘制的苹果

图12-92　绘制的苹果梗

34 使用【钢笔】工具，在适当的位置绘制出苹果的高光，如图12-93所示。

图12-93　绘制苹果的高光

35 重复操作步骤32～步骤34绘制其他苹果，将绘制好的苹果调整到合适的位置，并执行菜单【对象】→【编组】命令，效果如图12-94所示。

图12-94　绘制的苹果

36 将前面步骤中绘制的花瓶、牛奶、苹果、早餐盘摆放到合适的位置，如图12-95所示。

图12-95 将绘制的图形摆放到合适的位置

37 选择【矩形】工具，在合适的位置绘制出桌面、墙壁和墙纸，如图12-96所示。

图12-96 绘制桌面和壁纸

38 选择【美工刀】工具，画出桌布，如图12-97所示。

图12-97 绘制桌布

39 选择【实时上色】工具上色，效果如图12-98所示。

图12-98　为桌布上色

40 选择【钢笔】工具，在合适的位置绘制出窗帘的轮廓，并设置颜色，如图12-99所示。

图12-99　绘制窗帘轮廓

41 选择【美工刀】工具，画出层次，然后选择【实时上色】工具，为窗帘设置丰富的层次，效果如图12-100所示。

图12-100　绘制窗帘层次

42 使用【钢笔】工具，绘制出窗帘的绑带，并为其设置颜色，如图12-101所示。

图12-101 绘制窗帘绑带

43 选择【矩形】工具，在合适的位置绘制出窗框，并设置颜色，如图12-102所示。

图12-102 绘制窗框

44 选择【矩形】工具，在合适的位置绘制出窗框的厚度，如图12-103所示。

图12-103 绘制窗框厚度

45 选择【矩形】工具，在合适的位置绘制出窗户上的玻璃，并设置颜色，效果如图12-104所示。

图12-104　绘制窗玻璃

46 选择【钢笔】工具，在合适的位置绘制出玻璃上的反光，完成整幅作品的绘制，最终完成效果如图12-105所示。

图12-105　最终绘制效果

47 选择菜单【文件】→【存储】命令，将文件保存为"早餐.ai"。

提示 这幅作品色彩鲜艳明快，给人亲切的感觉，在技术上需要注意色彩的搭配与运用，多观察生活，多加练习就会完成更好的作品。

12.5 卡通人物插画——魔法向前看

本作品表现的是卡通个性人物风格的插画，这幅作品以时尚个性为主，绘制了一个古灵精怪的卡通女孩在操控魔法的情景。

最终效果

本例的最终效果如图12-106所示。

解题思路

1. 使用【钢笔】、【铅笔】工具相结合绘制画面中的图形。
2. 使用【颜色】、【渐变】调板设置对象的填充。
3. 使用【美工刀】、【实时上色】工具绘制画面细节。
4. 使用【文件】→【存储】命令将文件保存。

操作步骤

1. 新建一个Illustrator文件。
2. 选在【文件】→【新建】命令，在弹出的【新建文档】对话框中，设置新建文档名称为"魔法向前看"，设置配置文件的大小为"A4"，取向为"竖向"，单位为"毫米"，出血均为"2mm"，颜色模式为"CMYK"。

图12-106　最终效果

3. 选择【钢笔】工具，绘制出帽子的轮廓，如图12-107所示。

图12-107　绘制帽子的轮廓

4. 使用【调板】工具，给帽子上色，并在【描边】调板中设置描边的属性，如图12-108所示。

图12-108　调整帽子的颜色和描边属性

5. 选择【钢笔】工具，在合适的位置绘制出脸部的图形，通过【颜色】调板设置颜色，并在【描边】调板中设置描边属性，如图12-109所示。

图12-109　绘制脸部图形

6 选择【椭圆】工具绘制出帽子上的装饰，通过【颜色】调板设置颜色，并在【描边】调板中设置描边属性，如图12-110所示。

图12-110　绘制帽子上的装饰

7 选择【钢笔】工具，在合适的位置绘制出帽子上的标签，并设置颜色，如图12-111所示。

8 选择【钢笔】工具，在合适的位置绘制出上嘴唇，并通过【颜色】调板设置颜色，如图12-112所示。

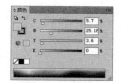

图12-111　绘制帽子上的商标　　　　图12-112　绘制上嘴唇

9 选择【钢笔】工具，在合适的位置绘制出下嘴唇，并通过【颜色】调板设置颜色，如图12-113所示。

图12-113 绘制下嘴唇

10 选择【椭圆】工具，绘制出嘴上的高光，如图12-114所示。

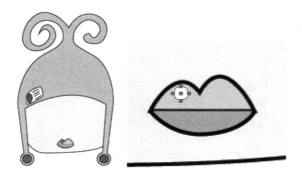

图12-114 绘制嘴上的高光

11 使用【椭圆】工具，绘制出脸蛋，并通过【颜色调板】设置颜色，如图12-115所示。

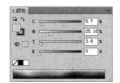

图12-115 绘制脸蛋

12 使用【钢笔】工具，绘制出眼眶的图形，如图12-116所示。

13 选择【钢笔】工具，绘制出睫毛，如图12-117所示。

14 选择【椭圆】工具，绘制出眼珠，如图12-118所示。

15 将绘制好的眼眶、睫毛、眼珠选中，执行菜单【对象】→【编组】后，进行复制粘贴，放到合适的位置，如图12-119所示。

图12-116　绘制眼眶

图12-117　绘制睫毛

图12-118　绘制眼珠

图12-119　将复制后的眼睛调整到合适的位置

16 使用【钢笔】工具绘制出头帘，通过【颜色】调板调整头帘的颜色，如图12-120所示。

图12-120　绘制头帘

17 选择【美工刀】工具，给头帘分出层次，如图12-121所示。

18 选择【实时上色】工具，给头帘上色，如图12-122所示。

19 选择【钢笔】工具，画出头帘的轮廓，如图12-123所示。

20 选择【钢笔】工具，绘制出帽子上的补丁装饰，并选择【实时上色】工具上色，如图12-124所示。

图12-121　绘制头帘层次

图12-122　上色后的头帘

图12-123　绘制头帘轮廓

图12-124　绘制帽子上的补丁装饰

21 选择【钢笔】工具画出帽子上的装饰线，通过【描边】调板设置描边属性，如图12-125所示。

图12-125　绘制帽子上的线装饰

22 选择【椭圆】工具，绘制出帽子上的小球和小球的高光，通过【颜色】调板设置颜色，如图12-126所示。

23 选择【钢笔】工具，绘制出帽子上的心形装饰，选择【美工刀】工具分出层次，选择【实时上色】工具上色，如图12-127所示。

图12-126　绘制帽子上的小球装饰

图12-127　绘制帽子上的心形装饰

24 选择【钢笔】工具，画出心形的轮廓，如图12-128所示。

图12-128　绘制心形轮廓

25 选择【钢笔】工具，绘制心形上的虚线装饰，并设置颜色，如图12-129所示。

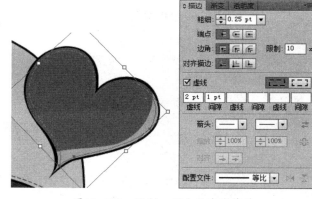

图12-129　绘制心形上的虚线装饰

26 重复操作步骤23～步骤25，绘制其他的心形装饰，如图12-130所示。

27 选择【钢笔】工具，在合适的位置绘制出衣领，并通过【描边】调板设置描边属性，如图12-131所示。

图12-130　完成的心形装饰

图12-131　绘制衣领

28 使用绘制头帘的方法绘制出头发，如图12-132所示。

29 选择【钢笔】工具，在合适的位置绘制出衣服，如图12-133所示。选择【美工刀】工具，分出衣服的层次，如图12-134所示。

图12-132　绘制头发

图12-133　绘制衣服

图12-134　绘制衣服的层次

30 选择【实时上色】工具上色，如图12-135所示。

31 选择【钢笔】工具，在合适的位置绘制出袖子，通过【颜色】调板设置填充颜色，如图 12-136所示。

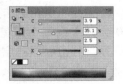

图12-135　为衣服进行填色　　　　　　　　　　图12-136　绘制袖子

32 选择【钢笔】工具，绘制出袖子上的虚线，并设置颜色，通过【描边】调板设置描边属 性，如图12-137所示。

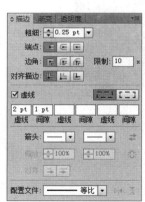

图12-137　绘制袖子上的虚线

33 选择【椭圆】工具，在合适的位置绘制出扣子和扣子上的高光，如图12-138所示。

34 选择【钢笔】工具，在合适的位置绘制出手，并设置颜色，如图12-139所示。

35 选择【钢笔】工具，在合适的位置绘制出指甲，并设置颜色，如图12-140所示。

36 将绘制好的手和指甲编组，然后复制粘贴，移动到合适的位置上，如图12-141所示。

37 将帽子上的心形复制粘贴到胸前做装饰，如图12-142所示。

38 选择【椭圆】工具，绘制出心形装饰的高光，如图12-143所示。

图12-138 绘制袖子上的扣子及高光

图12-139 绘制手

图12-140 绘制指甲

图12-141 完成双手绘制

图12-142 复制出的心形作装饰

图12-143 绘制心形装饰的高光

39 选择【钢笔】工具，在合适的位置绘制出烟雾，设置颜色，并通过【透明】调板设置透明度，如图12-144所示。

40 选择【钢笔】工具，在合适的位置绘制出烟雾，设置颜色，并通过【透明】调板设置透明度，如图12-145所示。

图12-144 绘制烟雾

图12-145 绘制烟雾

41 选择【镜像】工具，将绘制出的烟雾进行镜像复制，并通过【透明】调板设置透明度，如图12-146所示。

图12-146 绘制烟雾

42 将绘制好的图形全部选中，复制然后粘贴，如图12-147所示。

图12-147　复制后的效果

43 选择【路径查找器】面板中的箭头按钮，选择【建立复合形状】命令，如图12-148 所示。

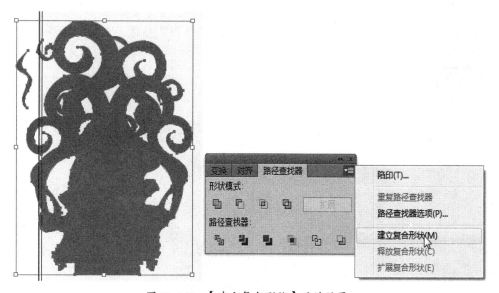

图12-148　【建立复合形状】后的效果

44 将其放大变形，调整颜色和透明度，并将其余绘制好的图形放置到一起，完成整幅画的 绘制，效果如图12-149所示。

45 选择菜单【文件】→【存储】命令，将文件保存为"魔法向前看.ai"。

图12-149　完成的最终效果

12.6 写实苹果

这幅作品是由【混合】工具绘制完成的写实苹果，这要求绘画者有一定的绘画基础。在过去没有照相机的时代，人们为了保留一些景象或者肖像从而产生了写实绘画技法。在绘制方法上分为手绘和电脑绘制两种。在这里我们主要是学习电脑绘制写实画。

最终效果

本例的最终效果如图12-150所示。

图12-150　最终效果

解题思路

▌ 使用【钢笔】工具绘制画面中的图形。

2 使用【混合】工具进行效果的绘制。

3 使用【文件】→【存储】命令将文件保存。

【操作步骤】

1 新建一个Illustrator文件。

2 选择【文件】→【新建】命令，在弹出的【新建文档】对话框中，设置新建文档名称为"写实苹果"，设置配置文件的大小为"A4"，取向为"横向"，单位为"毫米"，出血均为"2mm"，颜色模式为"CMYK"。

3 选择【钢笔】工具，绘制出苹果核，如图12-151所示。

4 选择工具栏中的【混合】工具，按住【Alt】键单击绘制好的苹果核，在弹出的【混合选项】面板中进行混合属性的设置，如图12-152所示。

图12-151　绘制苹果核　　　　　　　　　图12-152　【混合选项】面板

5 混合后的苹果核效果如图12-153所示。

6 选择【钢笔】工具，绘制出苹果的切面，并设置颜色，如图12-154所示。

图12-153　混合后的苹果核　　　　　　　图12-154　绘制苹果的切面

7 选择工具栏中的【混合】工具，按住【Alt】键单击绘制好的苹果切面，在弹出的【混合选项】面板中进行混合属性的设置，如图12-155所示。

图12-155　混合后的效果

8 使用【钢笔】工具，在合适的位置绘制出苹果核的阴影，并设置颜色，效果如图12-156所示。

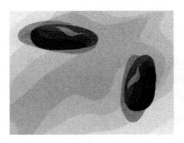

图12-156　绘制苹果核的阴影

9 使用【钢笔】工具，绘制出苹果的一部分，并设置颜色，如图12-157所示。

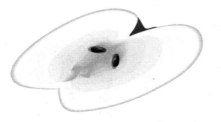

图12-157　绘制苹果的一部分

10 选择【钢笔】工具，画出苹果的柄，并填充颜色，如图12-158所示。

图12-158　绘制苹果的柄

11 选择工具栏中的【混合】工具，按住【Alt】键单击绘制好的苹果柄，在弹出的【混合选项】面板中进行混合属性的设置，如图12-159所示。

图12-159　混合后的苹果柄

12 选择【钢笔】工具，绘制出苹果的一半，如图12-160所示。

图12-160 绘制出苹果的一半

13 选择工具栏中的【混合】工具，按住【Alt】键单击绘制好的一半苹果，在弹出的【混合选项】面板中进行混合属性的设置，如图12-161所示。

图12-161 混合后的一半苹果

14 选择【钢笔】工具，画出苹果的另一半，如图12-162所示。

图12-162 绘制出苹果的另一半

15 选择工具栏中的【混合】工具，按住【Alt】键单击绘制好的苹果的另一半，在弹出的【混合选项】面板中进行混合属性的设置，如图12-163所示。

16 选择【钢笔】工具，在合适的位置绘制出苹果的阴影，如图12-164所示。

17 选择工具栏中的【混合】工具，按住【Alt】键单击绘制好的苹果阴影，在弹出的【混合选项】面板中进行混合属性的设置，如图12-165所示。

图12-163　混合后的另一半苹果

图12-164　绘制苹果的阴影

图12-165　混合后的苹果阴影

18 使用【矩形】工具，绘制矩形，并通过【渐变】调板绘制出背景，完成整幅作品的绘制，效果如图12-166所示。

图12-166　绘制完成的效果

19 选择菜单【文件】→【存储】命令，将文件保存为"写实苹果.ai"。

提示 这幅作品使用了混合工具，通过设定制定的步数，达到混合的效果，指定的步数越多混合效果越精细。

在菜单栏中选择【对象】→【混合】→【释放】命令，可使图形回到应用混合工具前的样子。

按【Ctrl+Y】组合键显示出草稿，可以看到混合工具绘画的特点。

12.7 写实鹦鹉

这幅作品是用混合方法绘制而成的写实鹦鹉，通过混合处理，突出了鸟类羽毛的丰富与质感。

最终效果

本例的最终效果如图12-167所示。

图12-167 最终效果

解题思路

1 使用【钢笔】工具绘制画面中的图形。

2 使用【混合】工具，进行效果的绘制。

3 使用【矩形工具】、【网格】工具绘制背景。

4 使用【文件】→【存储】命令将文件保存。

操作步骤

1 新建一个Illustrator文件。

2 选择【文件】→【新建】命令，在弹出的【新建文档】对话框中，设置新建文档名称为"写实鹦鹉"，设置配置文件的大小为"A4"，取向为"竖向"，单位为"毫米"，出血均为"2mm"，颜色模式为"CMYK"。

3 先绘制鹦鹉的五官，选择【钢笔】工具，绘制出鹦鹉眼睛轮廓，并设置颜色，如图12-168所示。

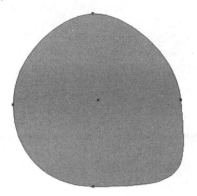

图12-168 绘制眼睛轮廓

4 使用【钢笔】、【直接选择】工具，绘制鹦鹉眼睛的结构，如图12-169所示。

图12-169 绘制眼睛结构

5 使用【钢笔】、【直接选择】工具，绘制鹦鹉的眼球，如图12-170所示。

6 使用【椭圆】工具，在合适的位置绘制眼球的细节，如图12-171所示。

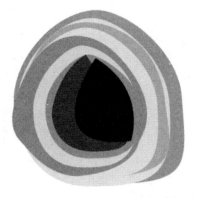

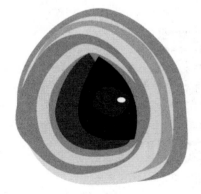

图12-170 绘制眼球   图12-171 绘制眼球的细节

7 对眼睛轮廓进行混合，选择【混合】工具，按住【Alt】键单击，在弹出的【混合选项】

面板中调整【指定的步数】为"1"，如图12-172所示。

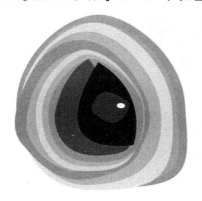

图12-172　混合的眼睛轮廓

8　对眼球进行混合，选择【混合】工具，按住【Alt】键单击，在弹出的【混合选项】面板中，调整【指定的步数】为"2"，如图12-173所示。

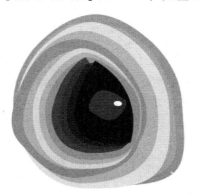

图12-173　混合的眼球

9　对眼珠进行混合，选择【混合】工具，按住【Alt】键单击，在弹出的【混合选项】面板中，调整【指定的步数】为"2"，如图12-174所示。

图12-174　混合的眼珠

10　下面绘制鹦鹉的鼻子，选择【钢笔】工具，绘制出鼻子的轮廓，如图12-175所示。

图12-175　绘制鼻子的轮廓

11 使用【混合】工具对鼻子轮廓进行混合，在弹出的【混合选项】面板中，调整【指定的步数】为"1"，效果如图12-176所示。

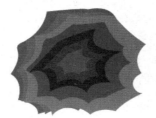

图12-176　混合后的鼻子

12 下面绘制鹦鹉的嘴，选择【钢笔】工具，绘制出嘴的轮廓，如图12-177所示。

13 使用【混合】工具对嘴轮廓进行混合，在弹出的【混合选项】面板中，调整【指定的步数】为"8"，效果如图12-178所示。

图12-177　绘制嘴的轮廓　　　　　　　　　　　　　　图12-178　混合后的嘴

14 使用【钢笔】工具，绘制嘴的外层轮廓，并设置颜色，如图12-179所示。

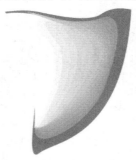

图12-179　绘制嘴的外层轮廓

15 将绘制完成的五官摆放到合适的位置，如图12-180所示。

16 下面绘制鹦鹉的头顶羽毛，选择【钢笔】工具，绘制出外轮廓，如图12-181所示。

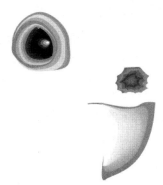

图12-180　绘制好的五官　　　　　　　　图12-181　绘制头顶羽毛

17 使用【混合】工具进行混合，在弹出的【混合选项】面板中，调整【指定的步数】为"2"，效果如图12-182所示。

图12-182　混合后的羽毛

18 重复操作步骤17～步骤18，再绘制一束羽毛，如图12-183所示。

图12-183　绘制头顶的羽毛

19 选择【钢笔】工具，继续绘制头顶的羽毛，如图12-184所示。选择【混合】工具进行混合，设置【指定的步数】为"2"，如图12-185所示。

图12-184　绘制头顶的羽毛　　　　　　　　图12-185　混合后的羽毛

20 选择【钢笔】工具，继续绘制头顶的羽毛，如图12-186所示。选择【混合】工具进行混合，设置【指定的步数】为"2"，如图12-187所示。

图12-186　绘制头顶的羽毛　　　　　　　　图12-187　混合后的羽毛

21 选择【钢笔】工具，继续绘制头顶的红色羽毛，如图12-188所示。选择【混合】工具进行混合，设置【指定的步数】为"2"，如图12-189所示。

图12-188　绘制头顶的红色羽毛　　　　　　图12-189　混合后的羽毛

22 选择【钢笔】工具，绘制出细处的羽毛，并设置颜色和透明度，如图12-190所示。

图12-190　绘制细处的羽毛

23 选择【钢笔】工具，继续绘制头顶的羽毛，如图12-191所示。选择【混合】工具进行混合，设置【指定的步数】为"2"，如图12-192所示。

图12-191　绘制头顶的羽毛

图12-192　混合后的羽毛

24 重复操作步骤24，继续绘制羽毛，完成的效果如图12-193所示。

图12-193　重复绘制的羽毛

25 下面绘制脸部的羽毛，选择【钢笔】工具，绘制轮廓，如图12-194所示。选择【混合】
工具进行混合，设置【指定的步数】为"2"，如图12-195所示。

图12-194　绘制脸部的羽毛

图12-195　混合后的羽毛

26 重复操作步骤26，继续绘制羽毛，如图12-196、图12-197所示。

图12-196　混合绘制的羽毛

图12-197　混合绘制的羽毛

27 选择【钢笔】工具，绘制脸部的羽毛，如图12-198所示。选择【混合】工具进行混合，设置【指定的步数】为"2"，如图12-199所示，完成脸部羽毛的绘制。

图12-198　绘制的脸部羽毛　　　　　　　　　　　　图12-199　混合后的羽毛

28 下面绘制前额的羽毛，选择【钢笔】工具，如图12-200所示。选择【混合】工具进行混合，设置【指定的步数】为"2"，如图12-201所示。

图12-200　绘制前额的羽毛　　　　　　　　　　　　图12-201　混合后的羽毛

29 选择【钢笔】工具，画出羽毛，选择【混合】工具进行混合，自定义混合步数，在2~4之间即可。如图12-202～图12-206所示。前额的羽毛就绘制完成了。

图12-202 混合后的羽毛

图12-203 混合后的羽毛

图12-204 混合后的羽毛

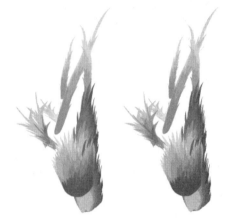

图12-205 混合后的羽毛

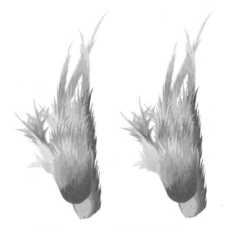

图12-206 混合后的羽毛

30 最后绘制出嘴下面的羽毛，选择【钢笔】工具，绘制出羽毛，选择【混合】工具进行混合，【指定的步数】为"4"，如图12-207所示。

31 将绘制好的几个部分合在一起，鹦鹉的头部就绘制完成了，效果如图12-208所示。

图12-207　混合后的羽毛　　　　　图12-208　完成绘制鹦鹉的头部

32 接下来绘制鸟的身体，使用【钢笔】工具，绘制出羽毛，选择【混合】工具进行混合，指定混合步数，一般在2到8之间，如图12-209～图12-211所示。

图12-209　混合后的羽毛

图12-210　混合后的羽毛

图12-211　混合后的羽毛

33 继续使用【钢笔】工具，绘制出羽毛，选择【混合】工具进行混合，指定混合步数，一般在2到8之间，如图12-212、图12-213所示。

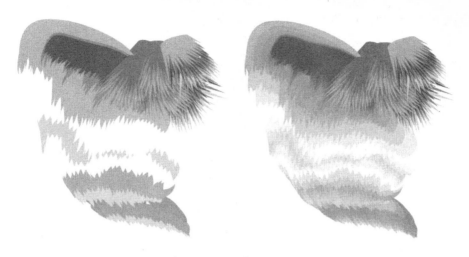

图12-212 混合后的羽毛

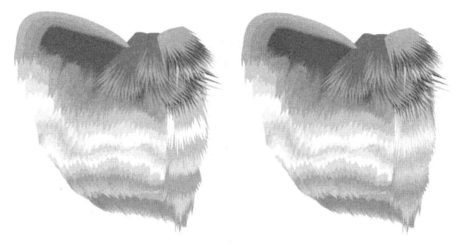

图12-213 混合后的羽毛

34 继续使用【钢笔】工具，绘制出羽毛，选择【混合】工具进行混合，【指定的步数】为
"4"，如图12-214、图12-215所示。

图12-214 混合后的羽毛　　　　图12-215 混合后的羽毛

35 将绘制好的身体羽毛调整到合适的位置，如图12-216所示。

图12-216　身体羽毛绘制完成

36 接下来绘制鹦鹉的翅膀。选择【钢笔】工具绘制出羽毛，选择【混合】工具进行混合，指定混合步数，一般在2到8之间，如图12-217、图12-218所示。

图12-217　混合后的羽毛　　　　　　图12-218　混合后的羽毛

37 选择【钢笔】工具，继续绘制羽毛，选择【混合】工具进行混合，指定混合步数，一般在2到8之间，注意羽毛的层次感，完成鹦鹉羽毛的绘制，如图12-219～图12-221所示。

图12-219　混合后的羽毛

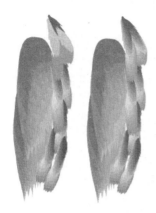

图12-220 混合后的羽毛   图12-221 混合后的羽毛

38 将各部分拼合到一起，整个鹦鹉就绘制完成了，如图12-222所示。

39 接下来绘制背景，选择【矩形】工具，拖拽出一个长方形，同画布大小，通过【颜色】调板设置矩形的颜色，如图12-223所示。

图12-222 绘制完成的鹦鹉   图12-223 绘制矩形背景

40 选择工具栏上的【网格】工具，为矩形添加网格，如图12-224所示。

图12-224 为矩形添加网格

41 调整网格的状态，并上色，如图12-225所示。

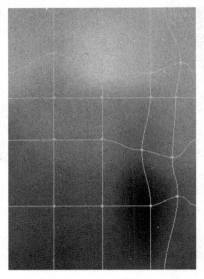

图12-225　网格上色后的效果

42 选择【钢笔】工具，绘制出叶子的轮廓，如图12-226所示。

43 选择【混合】工具进行混合，【指定的步数】为"2"，如图12-227所示。

图12-226　绘制的叶子轮廓

图12-227　混合后的叶子

44 使用【选择】工具，选择混合后的叶子，执行菜单【效果】→【模糊】→【高斯模糊】命令，在弹出的【高斯模糊】对话框中输入相应的数值，如图12-228所示。

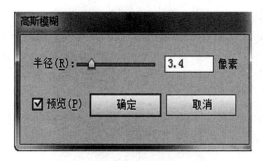

图12-228　【高斯模糊】对话框

45 再重复执行两次【高斯模糊】命令，得到的效果如图12-229所示。

图12-229 高斯模糊后的效果

46 使用相同的方法绘制出其他的叶子，如图12-230～图12-232所示。

图12-230 绘制的叶子轮廓

图12-231 混合后的叶子

图12-232 高斯模糊后的效果

47 将背景和主体放置到一起，这幅作品就完成了，最终效果如图12-233所示。

图12-233　完成的最终效果

48 选择菜单【文件】→【存储】命令，将文件保存为"写实鹦鹉.ai"。

结束语

　　本章详细讲解了使用Illustrator CC来进行图形和插画设计，其中介绍了简单图形的绘制以及静物类插画、人物插画、写实插画的绘制。通过本章的学习，读者能够熟练地掌握Illustrator CC的使用，并熟练运用Illustrator CC设计精美的作品。

附录A　Illustrator CC不同格式的输出

A.1　Illustrator CC 输出格式介绍

选择菜单【文件】→【导出】命令，弹出【导出】对话框，可以导出不同格式的文件，下面介绍一下这些不同的文件格式，如图A-1所示。

图A-1　文件【导出】对话框

1. *.DWG格式

DWG的全称是drawing，是由Autodesk公司制定的格式，主要用于AutoCAD这种计算机辅助设计绘制方面的软件。

通过AI强大的绘画工具可以弥补AutoCAD的一些绘画上的不足，主要是线条工具方面的不足。将AI导出的*.DWG格式文件，直接导入AutoCAD软件里就可以了。

2. *.DXF格式

DXF是DWG文件输出时常用的格式，DXF文件是包含图形信息的文本文件，其他的CAD系统可以读取文件中的信息。

3. *.BMP格式

BMP是bitmap的缩写，即位图图片。位图图片是用一种称作"像素"的单位存储图像信息的。这些"像素"其实就是一些整齐排列的彩色（或黑白）点，如果将这些点慢慢放大，就会看到一个个"像素"中填充着自己的颜色，这些"像素"整齐地排列起来，就成为一幅BMP图片。

BMP属于位图格式。导出的图片通用性很强，效果不错，但容量随品质的提高而增大，所以容量比较大。

4. *.JPEG格式

JPEG属于位图格式，容量小，网络传输快。JPEG图片以24位颜色存储单个光栅图像，支持最高级别的压缩，但是压缩会损耗图片。将AI文件直接导出成为JPEG图片，可以直接用于浏览传输。

5. *.PCT格式

Macintosh PICT绘画文件。

6. *.SWF文件

SWF是一种在计算机上播放的动画文件，也叫Flash动画，是矢量图形格式，可与Macromedia公司系列矢量软件兼容，并且支持这个公司的动画播放器。

7. *.PSD格式

PSD是Photoshop软件中的一种常用格式，属于位图格式，但可以部分兼顾到矢量格式。PSD格式支持图层和不同色彩模式的各种图像特征，是一种非压缩的原始文件保存格式，PSD文件有时容量会很大，但可以保留所有作品原始信息。

8. *.PNG格式

PNG格式是20世纪90年代中期开始开发的图像文件存储格式，其目的是替代GIF和TIFF文件格式，同时增加一些GIF文件格式所不具备的特征。

9. *.TGA格式

TGA格式（Tagged Graphics）是美国Truebision公司为其显卡开发的一种图像文件格式，文件后缀为".tgs"，已被国际上的图形图像工业所接受。TGA的结构比较简单，属于一种图形图像数据的通用格式，在多媒体领域有很大的影响，是计算机生成图像向电视转化的一种首选格式。TGA图像格式最大的特点是可以做出不规则形状的图形图像文件，TGA格式支持压缩，使用不失真的压缩算法。

10. *.TIF格式

TIF是Tag Image Fileformat的缩写，多用于扫描和传真文件，是一种灵活的位图图像格式，几乎所有绘画、图像编辑和页面版面应用程序都支持这种格式。TIF格式支持具有Alpha通道的CMYK、RGB、Lab、索引颜色和灰度图像以及无Alpha通道的位图模式图像。

11. *.WMF格式

WMF是Windows MetaFile的缩写，简称图元文件，它是微软公司定义的一种Windows平台下的图形文件格式。WMF格式文件是Microsoft Windows操作平台所支持的一种图形格式文件，目前其他操作系统上不支持这种格式。与BMP格式不同，WMF格式文件是与设备无关的，即它的输出特性不依赖于具体的输出设备。WMF格式文件所占的磁盘空间比其他格式的图形文件都要小得多。

12. *.TXT格式

TXT文件是微软在操作系统上附带的一种文本格式，也是最常见的一种文件格式，早在DOS时代应用就相当广泛，主要保存文本信息。

13. *.EMF格式

EMF是Windows增强型图元文件，是Windows操作系统用来打印的缓存文件格式的术语。EMF格式的创建目的是用来解决WMF格式从复杂的图形程序中打印图形时出现的不足。

A.2　Illustrator输出图片技巧

　　在输出图片的时候首先要明确所导出图片及其使用目的，然后再根据使用目的和要求来选择不同的导出格式和相关的选项。需要考虑到效果一定要好，其次是容量的问题。

　　下面就来介绍一下图片导出的过程。

1 打开要导出的AI格式文件，如图A-2所示。

2 选择【文件】→【文档设置】命令，在弹出的【文档设置】对话框中查看文件的尺寸和大小，如图A-3所示。

图A-2　打开要导出的文件　　　　　图A-3　【文档设置】对话框

3 按下【Ctrl+A】组合键，全选整个文件，查看周围是否有些没用的图形或线条，如果有则把这些都删掉。这样不会出现导出后出现大片的空白。

4 导出图片，先命名一个合适的图片名称并指定好存储的位置。这步看起来不重要，很多人为了快就忽略这一步，到后面导出的文件一多，就会忘记存在什么地方叫什么名字了。选择【导出】对话框下【保存类型】中的JPEG类型选项，如图A-4所示。

图A-4　【导出】对话框

A.3 如何导出印刷格式

每当我们的设计制作完成时，都需要进行文件印刷格式的输出，相应的印刷知识就显得尤为重要，接下来就让我们了解一下印刷的相关知识。

A.3.1 CMYK颜色模式

印刷的格式目前世界上应用最广的就是TIFF的图片格式，印刷时的颜色是CMYK。一般按照大家的绘画习惯，很多人喜欢在绘画时选择RGB的颜色模式，但是在印刷前要进行颜色转换，我们可以通过选择菜单中的【文件】→【文档颜色模式】命令，选择需要的颜色模式。需要注意的是RGB颜色模式转换为CMYK颜色模式后，再转换为RGB颜色模式时颜色不可以恢复，建议备份后再进行颜色转换。

A.3.2 印刷材料

纸张根据用途的不同，可以分为工业用纸、包装用纸、生活用纸、文化用纸等，其中文化用纸又包括书写用纸、艺术绘画用纸、印刷用纸。在印刷用纸中，根据纸张的性能和特点分为新闻纸、凸版印刷纸、胶版印刷涂料纸、字典纸、地图及海图纸、凹版印刷纸、画报纸、周报纸、白板纸、书面纸等。另外一些高档印刷品也广泛地采用艺术绘图类用纸。

A.3.3 装订知识

出血：是指裁刀要裁切的部分，是印刷的专业用语。印刷装订工艺要求页面的底色或图片必须跨出裁切线3mm，称为出血。

飞边：是指切除出血边位，是装订术语。

切斜：变形、裁切的不正、直角变棱角的书，多由纸闸压力不均或纸栅不正导致。

磨光：以研光滚筒处理印张，表面会光滑，此为加工表面处理工艺。

正版：书版首码所在版面叫正版，次码所在版面称为反版，正反版称一组、一贴或一框。

纸闸：指切纸的机器。

骑马钉：书本装订的一种方法，动作如跨上马背。薄本书装好后，跨放在铁架上，以穿过压铁线钉。

猪肠卷：折书帖的一种方法，动作如卷肠粉，用三个上梭、两个下梭可折32版。

风琴折：折书帖的一种方法。书贴折完拉开如屏风。

毛书：指锁好线而未上封面裁切的坯书。

笃头布：精装书脊上、下各一段连接皮壳的布条，起牢固美观的作用。

火印：精装封面的一种加工动作（如烫金），湿度较高。

A.3.4 印刷文件要求

图片为CMYK模式，300点的分辨率，如果有烫金、凹凸、UV的需要有图，成品尺寸外另加2～3mm的出血。

附录B Illustrator CC快捷键一览

B.1 工具操作

移动工具 【V】

直接选取工具、组选取工具 【A】

钢笔、添加锚点、删除锚点、改变路径角度 【P】

添加锚点工具 【+】

删除锚点工具 【-】

文字、区域文字、路径文字、竖向文字、竖向区域文字、竖向路径文字 【T】

椭圆、多边形、星形、螺旋形 【L】

增加边数、倒角半径及螺旋圈数（在【L】、【M】状态下绘图） 【↑】

减少边数、倒角半径及螺旋圈数（在【L】、【M】状态下绘图） 【↓】

矩形、圆角矩形工具 【M】

画笔工具 【B】

铅笔、圆滑、抹除工具 【N】

旋转、转动工具 【R】

缩放、拉伸工具 【S】

镜像、倾斜工具 【O】

自由变形工具 【E】

混合、自动勾边工具 【W】

图表工具（7种图表） 【J】

渐变网点工具 【U】

渐变填色工具 【G】

颜色取样器 【I】

油漆桶工具 【K】

剪刀、餐刀工具 【C】

视图平移、页面、尺寸工具 【H】

放大镜工具 【Z】

默认前景色和背景色 【D】

切换填充和描边 【X】

标准屏幕模式、带有菜单栏的全屏模式、全屏模式 【F】

切换为颜色填充 【<】

切换为渐变填充 【>】

切换为无填充 【/】

临时使用抓手工具 【空格】

精确进行镜像、旋转等操作 选择相应的工具后按【回车】

复制物体 在【R】、【O】、【V】等状态下按【Alt】键拖动

B.2 文件操作

新建图形文件 【Ctrl+N】

打开已有的图像 【Ctrl+O】

关闭当前图像 【Ctrl+W】

保存当前图像 【Ctrl+S】

另存为【Ctrl+Shift+S】

存储副本 【Ctrl+Alt+S】

页面设置 【Ctrl+Shift+P】

文档设置 【Ctrl+Alt+P】

打印 【Ctrl+P】

打开【预置】对话框【Ctrl+K】

回复到上次存盘之前的状态【F12】

B.3 编辑操作

还原前面的操作(步数可在预置中)【Ctrl+Z】

重复操作 【Ctrl+Shift+Z】

将选取的内容剪切放到剪贴板 【Ctrl+X】或【F2】

将选取的内容拷贝放到剪贴板 【Ctrl+C】

将剪贴板的内容粘到当前图形中 【Ctrl+V】或【F4】

将剪贴板的内容粘到最前面 【Ctrl+F】

将剪贴板的内容粘到最后面 【Ctrl+B】

删除所选对象 【Del】

选取全部对象 【Ctrl+A】

取消选择 【Ctrl+Shift+A】

再次转换 【Ctrl+D】

发送到最前面 【Ctrl+Shift+]】

向前发送 【Ctrl+]】

发送到最后面 【Ctrl+Shift+[】

向后发送 【Ctrl+[】

群组所选物体 【Ctrl+G】

取消所选物体的群组 【Ctrl+Shift+G】

锁定所选的物体 【Ctrl+2】

锁定没有选择的物体 【Ctrl+Alt+Shift+2】

全部解除锁定 【Ctrl+Alt+2】

隐藏所选物体 【Ctrl+3】

隐藏没有选择的物体 【Ctrl+Alt+Shift+3】

显示所有已隐藏的物体 【Ctrl+Alt+3】

联接断开的路径 【Ctrl+J】

对齐路径点 【Ctrl+Alt+J】

调合两个物体 【Ctrl+Alt+B】

取消调合 【Ctrl+Alt+Shift+B】

调合选项 选【W】后按【回车】

新建一个图像遮罩 【Ctrl+7】

取消图像遮罩 【Ctrl+Alt+7】

联合路径 【Ctrl+8】

取消联合 【Ctrl+Alt+8】

图表类型 选【J】后按【回车】

再次应用最后一次使用的滤镜 【Ctrl+E】

应用最后使用的滤镜并调节参数 【Ctrl+Alt+E】

B.4 文字处理

文字左对齐或顶对齐 【Ctrl+Shift+L】

文字居中对齐 【Ctrl+Shift+C】

文字右对齐或底对齐 【Ctrl+Shift+R】

文字分散对齐 【Ctrl+Shift+J】

插入一个软回车 【Shift+回车】

精确输入字距调整值 【Ctrl+Alt+K】

将字距设置为0 【Ctrl+Shift+Q】

将字体宽高比还原为1比1 【Ctrl+Shift+X】

左 / 右选择 1 个字符 【Shift+←/→】

下 / 上选择 1 行 【Shift+↑/↓】

选择所有字符 【Ctrl+A】

选择从插入点到鼠标点按点的字符 【Shift】加点按

左 / 右移动 1 个字符 【←/→】

下 / 上移动 1 行 【↑/↓】

左 / 右移动1个字 【Ctrl+←/→】

将所选文本的文字大小减小2点像素 【Ctrl+Shift+<】

将所选文本的文字大小增大2点像素 【Ctrl+Shift+>】

将所选文本的文字大小减小10点像素 【Ctrl+Alt+Shift+<】

将所选文本的文字大小增大10点像素 【Ctrl+Alt+Shift+>】

将行距减小2点像素 【Alt+↓】

将行距增大2点像素 【Alt+↑】

将基线位移减小2点像素 【Shift+Alt+↓】

将基线位移增加2点像素 【Shift+Alt+↑】

将字距微调或字距调整减小20/1000ems 【Alt+←】

将字距微调或字距调整增加20/1000ems 【Alt+→】

将字距微调或字距调整减小100/1000ems 【Ctrl+Alt+←】

将字距微调或字距调整增加100/1000ems 【Ctrl+Alt+→】

光标移到最前面 【Home】

光标移到最后面 【End】

选择到最前面 【Shift+Home】

选择到最后面 【Shift+End】

将文字转换成路径 【Ctrl+Shift+O】

B.5 视图操作

将图像显示为边框模式(切换)【Ctrl+Y】

对所选对象生成预览(在边框模式中)【Ctrl+Shift+Y】

放大视图 【Ctrl++】

缩小视图 【Ctrl+-】

放大到页面大小 【Ctrl+0】

实际像素显示 【Ctrl+1】

显示/隐藏所路径的控制点 【Ctrl+H】

隐藏模板 【Ctrl+Shift+W】

显示/隐藏标尺 【Ctrl+R】

显示/隐藏参考线 【Ctrl+;】

锁定/解锁参考线 【Ctrl+Alt+;】

将所选对象变成参考线 【Ctrl+5】

将变成参考线的物体还原 【Ctrl+Alt+5】

贴紧参考线 【Ctrl+Shift+;】

显示/隐藏网格 【Ctrl+"】

贴紧网格 【Ctrl+Shift+"】

捕捉到点 【Ctrl+Alt+"】

应用敏捷参照 【Ctrl+U】

显示/隐藏【字体】面板 【Ctrl+T】

显示/隐藏【段落】面板 【Ctrl+M】

显示/隐藏【制表】面板 【Ctrl+Shift+T】

显示/隐藏【画笔】面板 【F5】

显示/隐藏【颜色】面板 【F6】/【Ctrl+I】

显示/隐藏【图层】面板 【F7】

显示/隐藏【信息】面板 【F8】

显示/隐藏【渐变】面板 【F9】

显示/隐藏【描边】面板 【F10】

显示/隐藏【属性】面板 【F11】

显示/隐藏所有命令面板 【Tab】

显示或隐藏工具箱以外的所有调板 【Shift+Tab】

选择最后一次使用过的面板 【Ctrl+~】